互换性与技术测量实验

——实验指导书与实验报告——

姚彩仙　主编

华中理工大学出版社
中国·武汉

图书在版编目(CIP)数据

互换性与技术测量实验/姚彩仙　主编. 一武汉：华中科技大学出版社，1992.5（2023.9重印）
ISBN 978-7-5609-0654-6

Ⅰ.互…　Ⅱ.姚…　Ⅲ.①零部件-互换性-实验-高等学校-教材　②零部件-测量-实验-高等学校-教材　Ⅳ.TG801-33

中国版本图书馆CIP 数据核字(2008)第116189号

互换性与技术测量实验　　姚彩仙　主编

责任编辑：叶见欣
出版发行：华中科技大学出版社(中国 • 武汉)
　　　　武昌喻家山　邮编:430074　电话:(027)87557437
印　　刷：武汉市洪林印务有限公司
开　　本：787mm×1092mm　1/16
印　　张：7.5
字　　数：146千字
版　　次：2023年9月第1版第21次印刷
定　　价：19.80元

本书若有印装质量问题，请向出版社营销中心调换
全国免费服务热线：400-6679-118　竭诚为您服务

前　言

互换性与技术测量是机械类各专业的重要技术基础课，而互换性与技术测量实验课则是本课程独立的教学环节，对培养学生的能力有着重要的作用。本实验教材是在华中理工大学精密测量实验室历年使用的实验指导书和实验报告的基础上，考虑教学改革要求和新技术的发展，修改、补充而成，可供机械类各专业使用。对于机制专业，本书所有实验原则上都应做或由教师演示；对于其他专业，可按照不同要求由教师确定必做实验、优秀生加选实验及演示参观实验项目。

本实验教材由郑东莲、徐振高、姚彩仙同志编写。姚彩仙同志任主编，李光瀛教授主审。

编者热忱欢迎对本书的评论与指正。

编者

1991.9

目　　录

实　验　规　则

1. 上实验课前必须按指导书作好预习及准备工作。

2. 必须更换拖鞋才能进入实验室。除必要的书籍和文具外，其他物品不得带入实验室。

3. 进入实验室后，应保持室内安静和整洁。不准打闹、抽烟、乱抛纸屑和随地吐痰。

4. 凡与本次实验无关的仪器设备，均不得使用或触摸。

5. 做实验时，按测量步骤细心操作，严禁用手触摸光学镜头表面。如仪器发生故障，应立即报告指导教师处理，不得自行拆修。

6. 认真填写实验报告，经教师签字方可离开实验室。

7. 爱护国家财产，实验完毕应将实验器具清洗上油整理好，如损坏仪器，按有关规定处理。

实验报告的基本内容及要求

学生对每个实验应该做到原理清楚、方法正确，数据可靠，书写工整。实验报告的一般内容如下：

1. 实验名称；

2. 所用仪器、工具名称与规格；

3. 测量原理简述；

4. 被测工件（绘出草图、注明被测部位的基本尺寸、极限偏差或公差）；

5. 测量结果及适用性结论；

6. 误差分析与实验心得。

实验一　长度测量

长度是几何量中最基本的参数，也是最主要的参数之一。虽然被测对象可以是各种各样的，但概括起来，长度不外乎是面与面间的距离，线与线间的距离，点与点间的距离，以及它们之间的组合。常用来测量长度尺寸的量具与仪器有：游标尺、百分尺、指示表、各种测微仪以及坐标测量机等。目前，用双频激光测量系统测量长度；其分辨率可达 0.01μm；用三坐标测量机测量长度，可方便地确定三维空间中任意两点间的距离。进行长度测量实验的目的就是要在分析研究测量对象和被测量的基础上，正确设计测量方法和处理测量数据，了解各种仪器的测量原理及使用方法，为今后的实际工作打下坚实的基础。

实验 1-1　用比较仪测量长度

一、目的与要求

1. 掌握长度尺寸的相对测量原理；
2. 了解比较仪的结构和使用方法。

二、测量原理

机械、光学、电感及气动比较仪主要用于长度的相对测量。用这类仪器测量时，首先根据被测工件的基本尺寸 A 组成量块组，然后用此量块组将比较仪的标尺或指针调到零位。若从该仪器刻度标尺上获得的被测长度对量块组尺寸的偏差为 ΔA，则被测工件的长度为 $L=A+\Delta A$。

三、测量仪器

（一）机械比较仪

杠杆齿轮式机械比较仪如图 1-1(a)所示，它由工作台 1、底座 2、立柱 3、横臂 7 及指示表 10 等组成。测量时松开螺钉 8，转动螺母 5，可使横臂 7 带着指示表 10 沿立柱上下移动，使测量头 14 与量块接触。固紧螺钉 12，松开螺钉 13，然后转动偏心手轮 6，细调测量头位置，使指针对准刻度尺零点。锁紧螺钉 13 后，转动标尺微调螺钉 9，微动标尺使指针准确对零。按下拨叉 4，使测量头抬起，取出量块或工件。

仪器的传动放大系统如图 1-1(b)所示。其示值范围为±100μm，测量范围为 0～180mm。仪器的放大比为：$K=\frac{R_1}{R_2}\cdot\frac{R_3}{R_4}=\frac{50\times100}{1\times5}=1000$，标尺的刻线间距 $c=1\text{mm}$，仪器的分度值为 i，$i=\frac{c}{K}=\frac{1}{1000}\text{mm}=1\mu\text{m}$。

（二）立式光学比较仪

立式光学比较仪的外形如图 1-2 所示，它是由底座 1、立柱 2、横臂 5、工作台 6 和直角光管

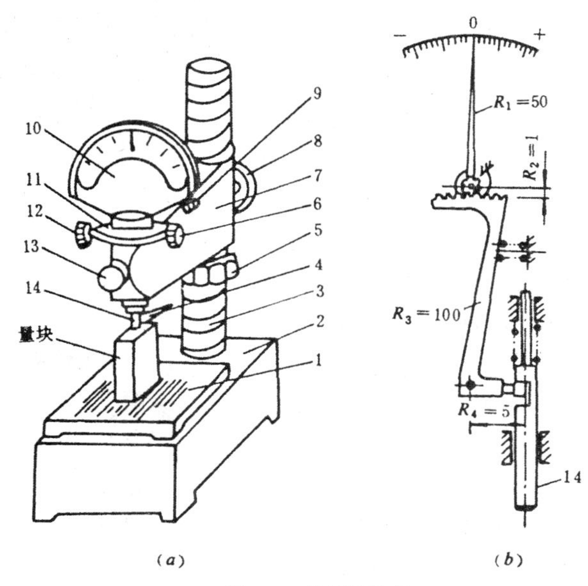

图 1-1 机械比较仪

(a)—外形； (b)—仪器的传动系统图

1—工作台；2—底座；3—立柱；4—拨叉；5—横臂升降螺母；6—偏心手轮；7—横臂；8—横臂锁紧螺钉；9—标尺微调螺订；10—指示表；11—微调框架；12—锁紧螺钉；13—锁紧螺钉；14—测量头

16 等所组成。

光学比较仪的测量原理如图 1-3(b)所示。自物镜焦点 0 发出的光线经过物镜后形成平行光束，照射在平面反射镜上。当平面镜与主光轴垂直时，光线按原路反射回来，光点仍聚集在物镜的焦点 0 上。当量杆因被测工件尺寸的变化而产生微小位移 S 时，平面镜 2 转动 α 角，使反射回来的光线相对于主光轴成 2α 角，经过透镜折射，像点会聚在焦平面的 B 点，即像点相对于物点 0 的位移为 b，其大小可在分划板上读得〔见图 1-3(a)〕。

光杠杆的放大比 $K=\dfrac{b}{S}=\dfrac{F\text{tg}2\alpha}{L\text{tg}\alpha}$

在图 1-3(a)中，由光源 4 发出的光线，经反射镜 5、物镜焦平面的刻线尺 3、直角棱镜 6 及物镜 7，照射在平面反射镜 8 上。当量杆 10 有微小位移时，反射镜 8 绕支点 9 转动 α 角，从目镜 2 中便可看到反射回来的刻度尺的影像 1。

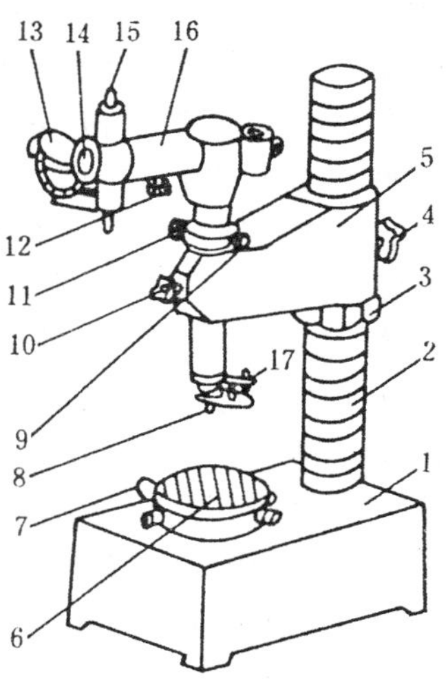

图 1-2 立式光学比较仪外形图

1—底座； 2—立柱； 3—横臂升降螺母； 4—锁紧螺钉； 5—横臂； 6—工作台； 7—工作台调整螺钉； 8—测量头； 9—偏心手轮； 10—锁紧螺钉； 11—锁紧螺钉； 12—零位微调螺钉； 13—反光镜； 14—目镜； 15—上下偏差调整螺钉； 16—直角光管； 17—拨叉

根据影像对于固定指标线的位移量，即可判断被测尺寸的偏差。

物镜焦距 $F=200\text{mm}$，量杆中心至反射镜支点间的距离 $L=5\text{mm}$，则放大比 $K=80$。刻线尺的刻线间距 $c=0.08\text{mm}$，仪器的分度值为

$$i=\frac{c}{K}=\frac{0.08}{80}\text{mm}=0.001\text{mm}=1\mu\text{m}$$

仪器的示值范围为 $\pm100\mu\text{m}$，测量范围为 $\pm180\text{mm}$。

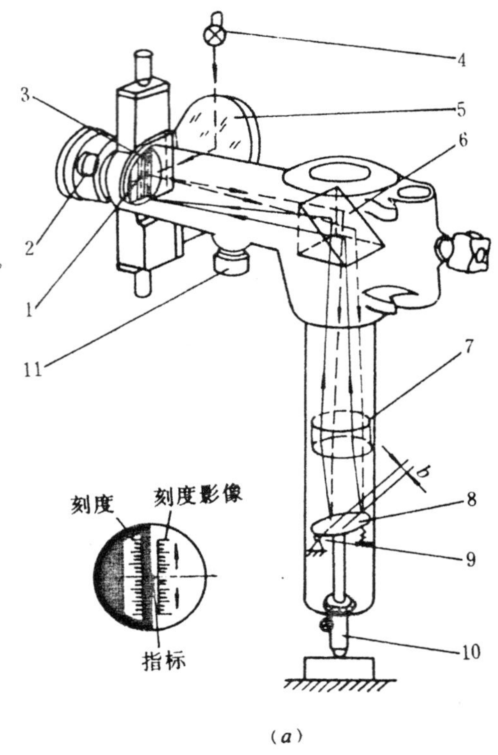

(*a*)

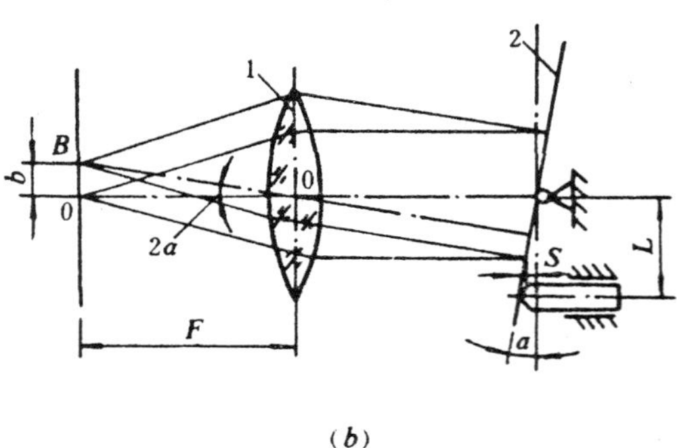

(*b*)

图 1-3　光学系统及测量原理图

1—刻线尺的影像；2—目镜；3—刻线尺；4—光源；5—反光镜；6—直角棱镜；7—物镜；8—平面反射镜；9—支点；10—量杆；11—零位微调螺钉

(三)卧式光学比较仪

卧式光学比较仪(图 1-4)主要由光管 3、尾管 11、工作台 9、支架 12 与底座 6 组成。与立式光学比较仪相比较，其特点是工作台可以升降，前后移动，回转，摆动及沿测量轴线自由移动。测量时，使工作台作相应的运动，将工件调整到正确的位置。当仪器装上内径测量弓架 1 及 2 后，可进行内尺寸的测量。

(四)电感比较仪

电感比较仪是把微小位移量转换成电路中电感量的变化，从而实现长度测量的一种电动量仪。它的工作原理如图 1-5 所示。

被测工件尺寸的微小变化，使测量头内电感线圈的铁芯通过测杆作相应的位移。当铁芯处于两线圈的中间位置时，两线圈的电感量相等；当铁芯偏离中间位置时，两线圈的电感量就不相等。此两线圈的电感量通过测量电桥接入测量回路，当测量电桥由振荡器以交流电压供电时，由于传感器的线圈电感量随工件尺寸变化而变化，电桥将输出一个幅值随工件尺寸变化的正弦交变电信号，即调幅信号。其幅值与传感器铁芯相对于平衡位置的偏离位移成正比，频率与供电振荡频率相同，而其相位与铁芯相对平衡位置偏离位移的方向有关。此信号经放大器放大，再经相敏检波器解调，就可将位移信号从调制信号中解调出来，得到一个与铁芯偏离平衡位置成比例的电信号，最后由指示表显示出测量结果。

测量前，仪器需经平衡与放大倍数的调整。

(五)浮标式气动量仪

浮标式气动量仪的工作原理如图 1-6 所示。压缩空气经过过滤器 1、3，稳压器 2、4，进入锥形玻璃管 5，再经橡皮管 7 到测量喷嘴 8 与被测工件 9 所形成的环形间隙而流入大气。

测量过程中，当被测工件的尺寸改变时，测量喷嘴与工件间的间隙随之增大或减小，从而使流出的气流量发生变化。随着气流量的变化，浮标 6 在锥形管中的位置将相应地改变，直到

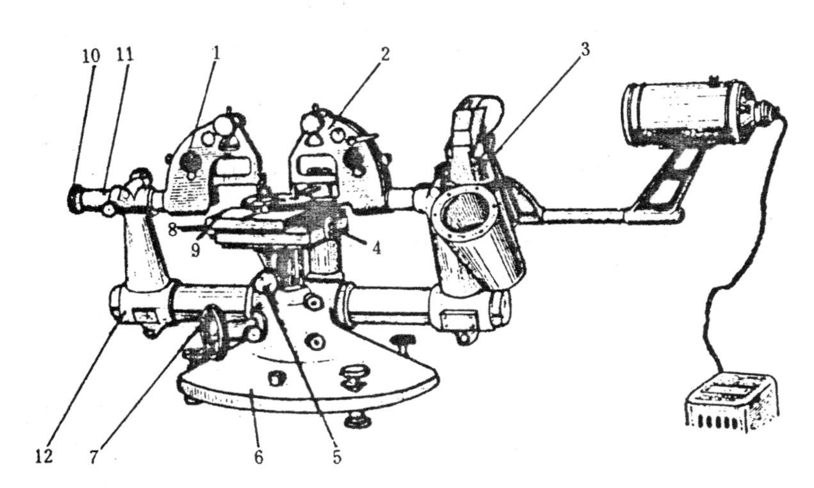

图 1-4 卧式光学比较仪

1、2—内径测量弓架； 3—光管； 4—工作台前后移动手柄；5—工作台摆动手轮；6—底座；7—工作台升降手轮；8—工作台回转手柄；9—工作台；10—微调轮；11—尾管；12—支架

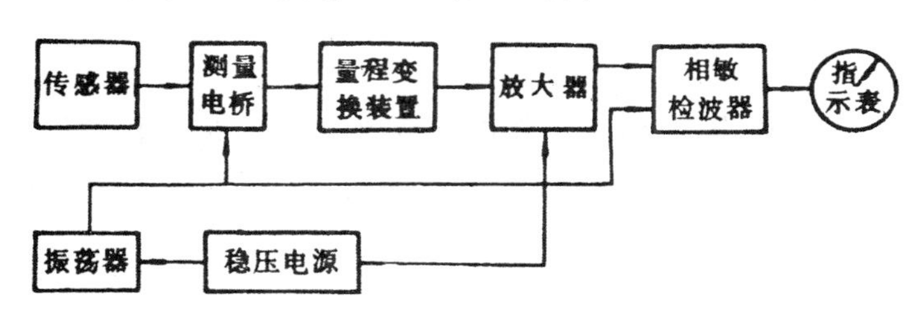

图 1-5 电感比较仪工作原理框图

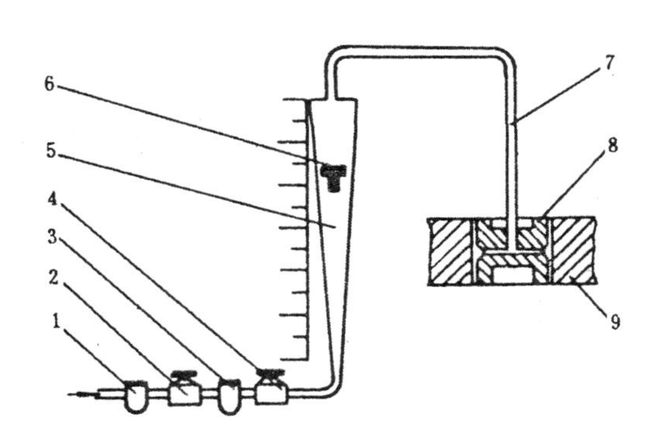

图 1-6 浮标式气动量仪原理图

1、3—过滤器；2、4—稳压器；5—锥形玻璃管；6—浮标；7—橡皮管；8—测量喷嘴；9—工件

流过浮标与锥形管间的气流量同流出的气流量相等时，浮标才停止移动。根据浮标所在的位置，从刻度标尺上就可读出被测工件的实际尺寸偏差。

四、测量步骤

(一)用机械比较仪测量轴径(参见图 1-1)

1. 选择测量头

测量头的形状有球形、刀刃形及平面形三种形式,应根据被测工件的形状,以测量头与被测工件的接触为点接触或线接触的准则进行选择。

2. 组合量块组

按被测工件的基本尺寸组合量块组(组合方法参见附录一量块部分)。

3. 调整仪器

按图 1-1 所示将量块组置于工作台 1 上,使测头 14 对准量块的上测量面中心。调节比较仪指针,使其与零刻线对齐,调节步骤如下:

1)松开螺钉 8,转动螺母 5,使测头 14 与量块接触,直至指针大致位于标尺的中间位置,再锁紧螺钉 8。

2)固紧螺钉 12,松开螺钉 13;转动偏心手轮 6,使指针指到零刻线处,再拧紧螺钉 13。

3)转动标尺微调螺钉 9,使标尺微微移动,直至零刻线与指针完全对齐为止。

4)压下拨叉 4 抬起测量头,重新放置量块组;松开拨叉 4,检查零位;微旋螺钉 9,使指针再次对零。

5)按动拨叉数次,检查示值稳定性,若指针示值变动不超过三分之一格,则该指示表的示值稳定可用。

4. 测量

1)在同一批加工零件中,任选 10 个零件进行测量,确定零件实际尺寸的变动范围。

2)对某一个零件的同一部位测量 10 次,计算出算术平均值、标准偏差及极限误差,按标准形式写出结果。

(二)用立式光学比较仪测量轴径

用立式光学比较仪测量轴径时的仪器调整及操作步骤,可参照机械式比较仪及光学比较仪的有关部分。

五、注意事项

1. 使用仪器要特别小心,不得有任何碰撞,调整时不应使指针超出标尺示值范围。

2. 组合量块时,用汽油将量块洗净,然后将其研合。手持量块的时间不宜太长,否则会因热膨胀引起显著的测量误差。

六、思考题

1. 用比较仪能否作绝对测量?

2. 产生测量误差的主要因素有哪些?

3. 本实验中量块是按“等”使用还是按“级”使用?

4. 什么是示值误差?什么是校正值?其意义如何?能用什么方法确定比较仪的示值误差?

实验 1-2　用卧式测长仪测量内孔直径

一、目的与要求

1. 了解卧式测长仪的结构及螺旋游标的读数方法；
2. 学会用内测钩测量内径。

二、测量原理

卧式测长仪是按照阿贝原则设计的，仪器的标准刻线尺的刻划面位于测量主轴的轴线剖面内。测量时，工件被测尺寸位于标准刻线尺的延长线上，被测长度与标准刻线尺进行比较，从而确定出被测长度的量值。

三、测量仪器

卧式测长仪的基本结构如图 1-7 所示，它由底座 1、工作台 7、阿贝测量头 5 和尾座 10 等部分组成。工作台的升降、前后移动、绕垂直轴的转动及绕水平轴的摆动分别由手轮 14、百分尺 15、手柄 11 及 12 来实现。测量时，只要对工作台作相应的调整，就能准确地找到所需的测量部位，即将被测尺寸调整到标准刻线尺的延长线上，因而测量符合阿贝原则。卧式测长仪备有多种附件，除了可以测量内、外长度尺寸外，还可以测量内、外螺纹中径（详见实验 5-2）。

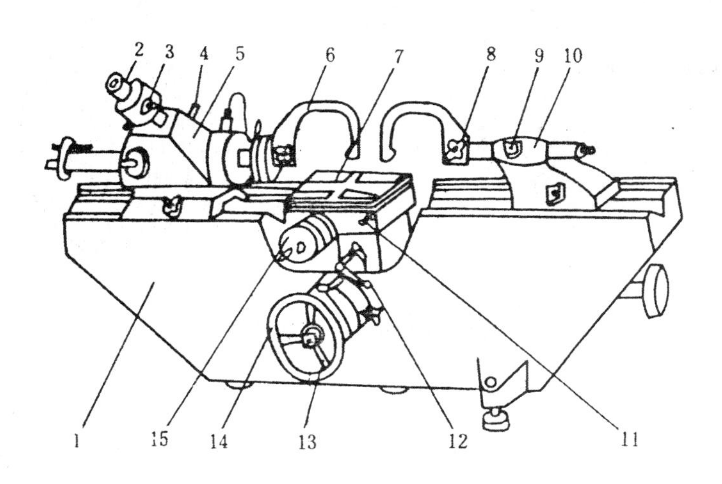

图 1-7　卧式测长仪外形

1—底座；2—目镜；3—读数显微镜；4—紧固螺钉；5—阿贝测量头；6—装在主轴上的内测钩；7—工作台；8—装在尾管上的内测钩；9—尾管紧固螺钉；10—尾座；11—工作台回转手柄；12—工作台摆动手柄；13—手轮紧固螺钉；14—工作台升降手轮；15—横向移动百分尺

卧式测长仪的读数装置通常采用螺旋游标或光栅数字显示。螺旋游标的读数原理如图 1-8 所示。图中：1 为 100mm 长的精密刻线尺，它位于主轴的中部，其刻线间距为 1mm；2 是螺旋读数显微镜；3 为固定分划板，上面刻有 11 条线（10 个间距），每个刻线间距代表 0.1mm；4 是刻有双阿基米德螺旋线（螺距为 0.1mm）的可动圆形分划板，在与可动分划板同心的圆周上均匀地刻有 100 条刻线。当分划板 4 转动一个圆周刻度时，螺旋线在半径方向的移动距离为：

$$S=\left(\frac{0.1}{100}\times 1\right)\text{mm}=0.001\text{mm}$$

螺旋游标读数装置的读数方法如下：旋转 5 带动螺旋分划板 4 转动，使毫米刻线位于双螺旋线中间后，先读出活动刻线尺上的毫米级读数（图 1-8 中读 46），然后按毫米刻线（指 46）相对于固定分划板的位置读小数点后的第一位数（图 1-8 中读 0.3mm）。最后从可动分划板上读出小数点后的第二位数与第三位数（图 1-8 中读 0.062mm），并估读小数点后的第四位数（图 1-8 中约为 0.0002mm）。所以图 1-8 中的读数为 46.3622mm。

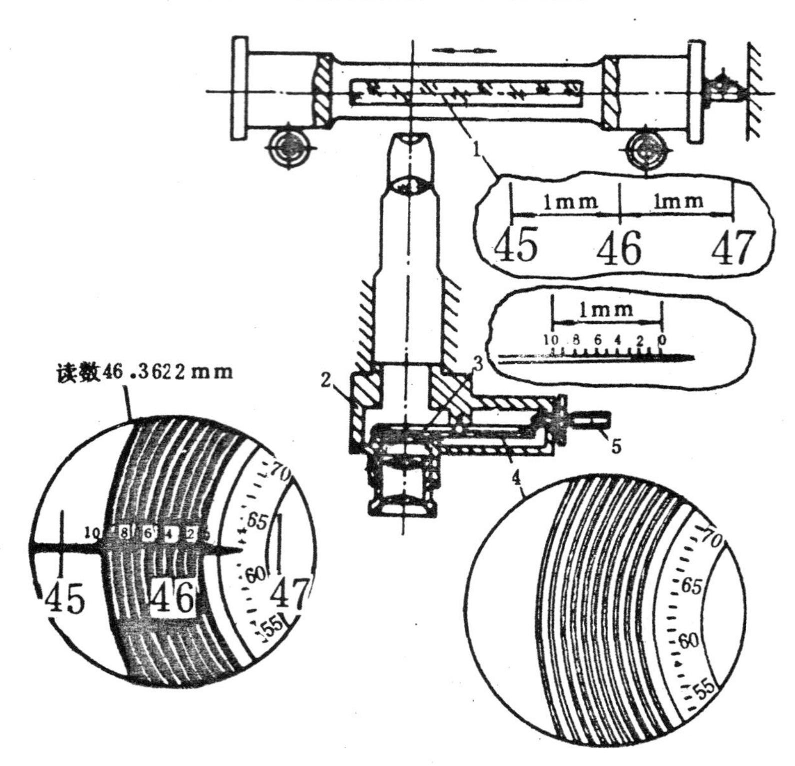

图 1-8　螺旋游标读数原理

四、测量步骤（参见图 1-9）

1. 将一对内测钩分别装在测量主轴和尾管上，使测钩的楔槽对齐后，分别锁紧测钩。

2. 将直径为 d 的标准环规（按环上刻线所示方向）装夹在工作台上。

3. 根据环规大小，调整好尾座位置，然后，松开螺钉 13，旋转手轮 14，将工作台调整到适当高度，使测钩伸入环规内。

4. 挂上重锤，手握住测量主轴的尾部，松开螺钉 4，使测钩与环规轻轻接触。

5. 调整测钩与环规接触的位置，步骤如下：

1）用百分尺 15 将工作台前后移动，同时观察读数显微镜，直至找到最大读数（毫米刻线的转折点）为止；

2)用手柄 12 摆动工作台，找出最小读数(毫米刻线的转折点)；

反复进行 1)、2)两项的调整，找正测量部位后，转动螺旋分划板，使毫米刻线位于双螺旋线中间，记下第一次读数 H_1。

6. 取下环规，换上被测工件，按上述 5 同样的方法进行调整，找正测量部位，记下第二次读数 H_2。则被测工件的内孔直径为：

$$D=(H_2-H_1)+d$$

式中，d——标准环规的直径。

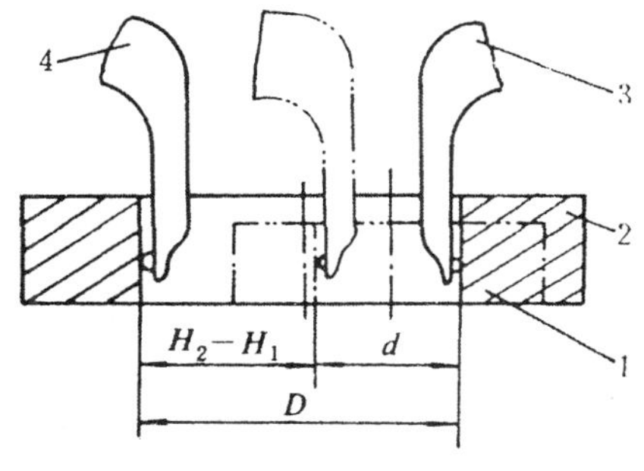

图 1-9　测量孔径示意图

1—标准环规；2—被测工件；3—固定测钩；4—可动测钩

五、注意事项

挂上重锤后 用手握稳主轴慢慢移动，避免测钩与工件发生碰撞。

六、思考题

1. 用卧式测长仪测量内径时，为什么工件要进行移动和摆动？
2. 本实验所用标准环规与实验 1-1 所用量块组的尺寸、作用有何异同？

实验 1-3　用万能工具显微镜测量孔距

一、目的与要求

1. 了解万能工具显微镜的测量原理；
2. 熟悉万能工具显微镜的调整和使用方法；
3. 学习光学灵敏杠杆的结构、原理及使用方法。

二、测量原理

万能工具显微镜是一种常用的几何量测量仪器。它主要利用相互垂直的两纵横导轨，使工作台和瞄准装置之间的相对运动构成一平面直角坐标系，辅以圆刻度旋转分度台还可以构成极坐标测量系。两个方向的移动距离可分别从两个相互独立的螺旋游标读数显微镜或光栅数字显示中读出。测量时，在接触式瞄准装置(如灵敏杠杆)或非接触式瞄准装置(如米字线目镜)上，先瞄准被测工件上的某一几何要素(点、线、面)，并记下该位置的两个坐标值，然后，使工作台和瞄准装置作相对运动，再瞄准被测工件上的另一几何要素，记下其坐标值，那么被测工件上两要素之间的距离就可方便地按公式计算出来。

三、测量仪器

万能工具显微镜的外形如图 1-10 所示，它主要由底座、纵横向导轨、中央显微镜、螺旋游标读数显微镜及顶尖座等组成。其主要附件有光学灵敏杠杆、光学分度头、分度台、测量刀、径

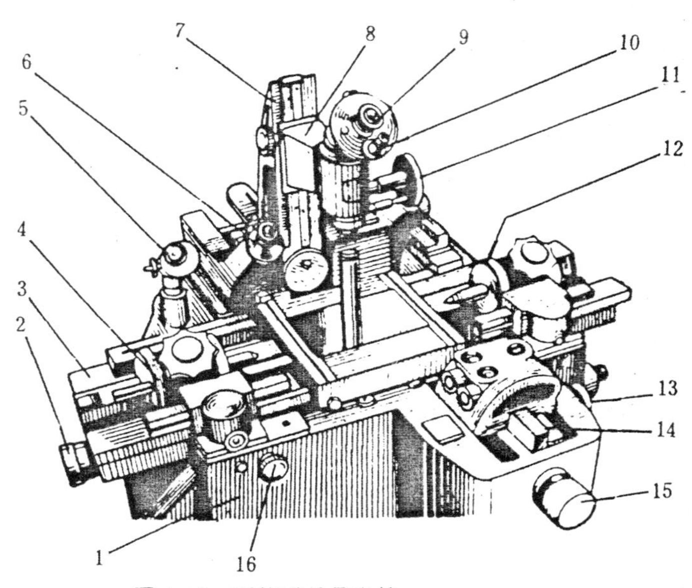

图 1-10 万能工具显微镜

1—底座；2、15—纵、横向微分筒；3、14—纵、横向导轨；4、12—顶尖座；5、6—螺旋游标读数显微镜；7—立柱；8—横臂；9—目镜；10—角度目镜；11—立柱倾斜手轮；13、16—横、纵向锁紧旋钮

向跳动检查装置及高顶尖座等。

仪器测量范围：

纵向　　0～200mm

横向　　0～100mm

刻度值　　0.001mm

角度目镜刻度值　　1(′)

光学灵敏杠杆(光学定位器)如图 1-11 所示，将它安装在中央显微镜的三倍物镜上作为定位装置，便可实现工件的尺寸测量。

四、测量步骤

1. 将角度目镜 10 内的刻线调至零度，再使工件移动方向与目镜 9 的米字线的基准线平行。

2. 将光学灵敏杠杆装在万能工具显微镜的三倍物镜上。

3. 旋转测量头压力转换环将测量头引向孔壁测量面。转换环上与标点同色的箭头表示测量压力方向，异色箭头表示导轨移动方向。

4. 移动导轨，将工件上被测孔 H_1 移到灵敏杠杆下，并使测头与孔壁接触，观察显微镜视场，若三组双刻线不清楚，则用滚花圆环 4 进行调整；绕螺母 3 的轴线轻轻转动灵敏杠杆，使视场内三组双刻线与米字线的基准线平行。

5. 锁紧横向导轨，转动微分筒，直至观察到双刻线转折点后，再移动纵向导轨，使米字线的竖线落在三组双刻线正中间〔如图 1-11(b)〕，从纵、横向读数显微镜中记下第一次读数 A_1 和 B_1。

6. 旋转测量头压力转换环，改变测量头压力方向。

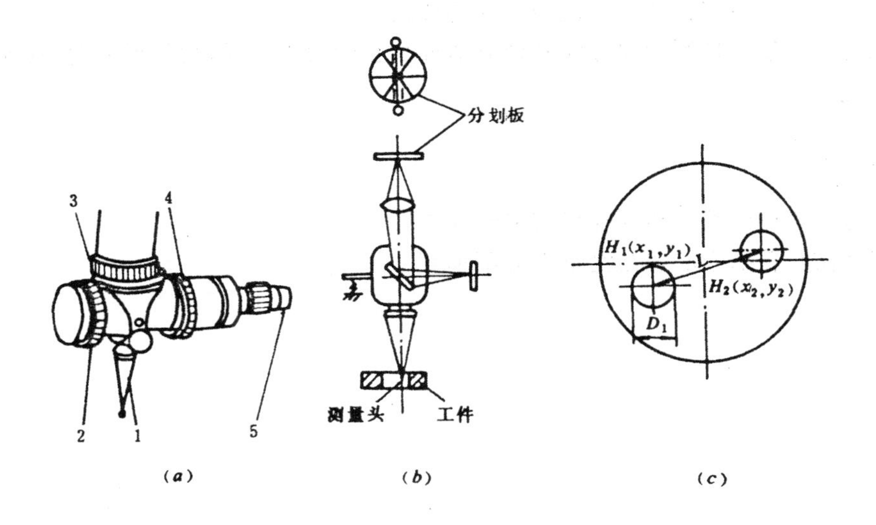

图 1-11　光学灵敏杠杆

(a)—光学灵敏杠杆外形图；(b)—光学灵敏杠杆原理图；(c)—测量孔距原理图

1—测头；2—测头压力转换环；3—物镜连接螺母；4—滚花环；5—光源

7. 将工件纵向移动，使测量头与孔壁的另一面接触。不改变横向位置，只需移动纵向导轨，就能找正测量部位，然后记下第二次读数 A_2、B_2。

计算孔 H_1 的直径 D_1，

$$D_1=(A_2-A_1)+d$$

式中，d——灵敏杠杆测头直径。

计算孔 H_1 的中心坐标 x_1、y_1，

$$x_1=\frac{A_1+A_2}{2}$$

$$y_1=\frac{B_1+B_2}{2}$$

8. 移动导轨，将工件孔 H_2 移到灵敏杠杆下，按上述方法测量，读出 A_3、B_3、A_4 及 B_4。

计算孔 H_2 的直径 D_2，

$$D_2=(A_4-A_3)+d$$

计算孔 H_2 的中心坐标 x_2、y_2，

$$x_2=\frac{A_3+A_4}{2}$$

$$y_2=\frac{B_3+B_4}{2}$$

9. 计算两孔的中心距 L，

$$L=\sqrt{(x_2-x_1)^2+(y_2-y_1)^2}$$

五、注意事项

1. 移动工件时，要防止碰撞，以免损坏测量头或影响测量结果的可靠性；

2. 注意光学灵敏杠杆测量头压力方向的转换；

3. 用光学灵敏杠杆测内尺寸时其计算值要加上测量头直径，测外尺寸时，其计算值要减去测量头直径。

六、思考题

1. 怎样消除测量线偏离孔径所带来的误差？

2. 怎样防止孔的中心线与测量方向不垂直？

实验二　形位误差测量

形位误差的项目较多，其测量方法也是多样的。为了正确地测量形位误差，GB1958—80《形状和位置公差》标准中规定了五项检测原则：与理想要素比较原则；测量坐标值原则；测量特征参数原则；测量跳动原则及控制实效边界原则。检测形位误差时，可以按照这些原则，根据被测对象的特点和条件，合理地选择检测方法与器具。

实验 2-1　导轨直线度误差测量

一、目的与要求

1. 了解光学自准直仪和合像水平仪的原理、结构及操作方法；
2. 掌握直线度误差的测量与数据处理方法。

二、测量原理

直线度误差通常按与理想要素比较的原则进行测量，其测量原理如图 2-1 所示。用准直光线、水平面或高精度平板的平面构成一条模拟理想直线 L，将被测实际直线 L' 与模拟理想直线进行比较，若能直接测出被测的实际直线上各点相对于理想直线的绝对距离 $y_0, y_1, \cdots, y_n$，或相对偏距 $\Delta_0, \Delta_1, \cdots, \Delta_n$，则这种测量方法称之为直接测量法；若每次测量的读数仪反映相邻两测点的相对高度差 $\delta_1, \delta_2, \cdots, \delta_n$，通过累加(即 $\Delta_k = \sum_{i=1}^{k} \delta_i$)后，才能获得相对偏距，则这种测量方法称之为间接测量法。不管采用哪种测量方法，其最终目的都是要按各测点的相对偏距，作出被测实际直线的折线图，最后按最小条件确定被测实际直线相对于理想直线的变动量，即直线度误差值。

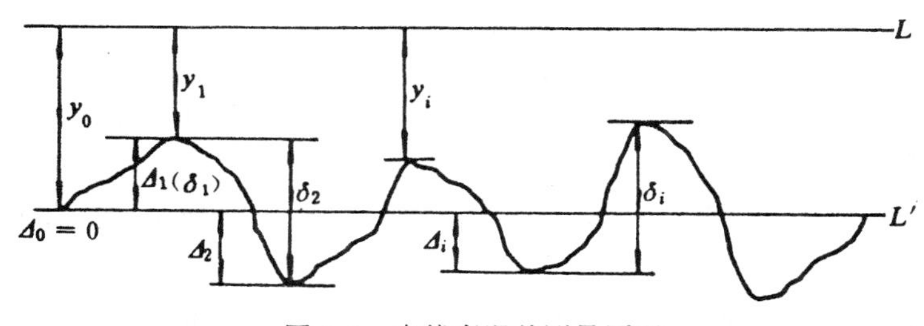

图 2-1　直线度误差测量原理

三、测量仪器

(一)光学自准直仪

光学自准直仪的光学原理如图 2-2 所示。由光源 14 发出的光线经滤光片 13、十字分划板

12、立方棱镜 11、反射镜 4 和 15，到达物镜 3，形成平行光束，投射到桥板 2 上的平面反射镜 1 上。若平面反射镜与光轴垂直，则反射光循原路依次经物镜 3、反射镜 15 和 4，返回至立方棱镜 11。经立方棱镜反射后，在数字分划板 8 和可动分划板 6 之间成像。此时，目镜 7 的视场中可观察到十字分划板〔图 2-2(*b*)〕、数字分划板〔图 2-2(*c*)〕以及可动分划板〔图 2-2(*d*)〕三者的重叠图像，且可使可动分划板上的指标线与“十”字影像中心重合，并正对着数字分划板的 10 格处，测微读数鼓轮 5 对零〔图 2-2(*e*)〕。若桥板与被测实际直线的两接触点相对于光轴的距离存在差异，则反射镜 1 的表面与光轴不再垂直，出现倾角 α，这时反射光轴与入射光轴成 2α 角度，使“十”字影像偏离数字分划板的中心〔图 2-2(*f*)〕。转动测微读数鼓轮 5，使可动分划板上的指标线与“十”字影像中心重合，根据指标线在数字分划板上的位置以及测微读数鼓轮上的刻度，即可确定测量读数。显然，这样获得的每个读数仅反映桥板两接触点相对于光轴的高度差 δ_i，而被测表面的直线度误差，还需通过逐点连锁测量及数据处理才能获得。

光学自准直仪的可测长度范围为 0～5m；其读数目镜的示值范围为±500″；测微读数鼓轮的分度值为 1″(相当于 $i=0.005\text{mm/m}$)。若桥板上前后两接触点的距离为 0.18m，则实际分度值 $i'=0.005\text{mm/m}\times0.18\text{m}=0.0009\text{mm}$，即 $i'=0.9\mu\text{m}$。

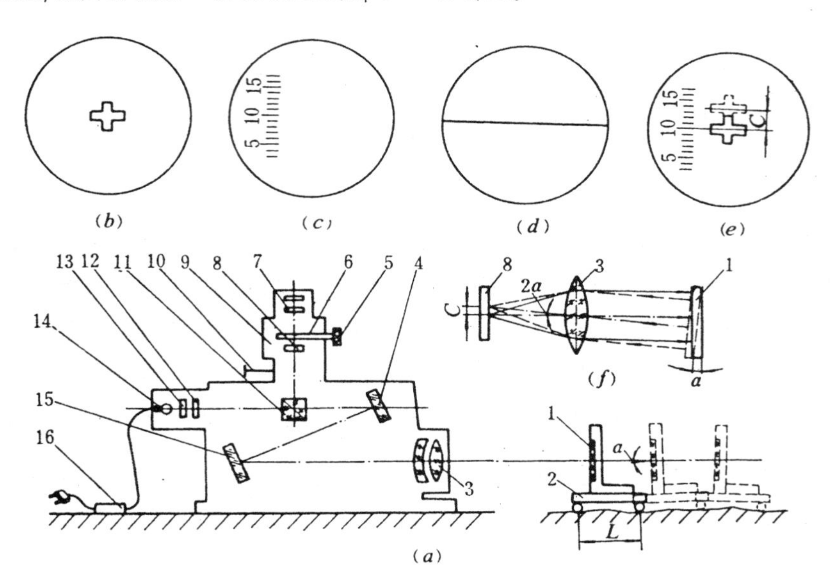

图 2-2　光学自准直仪

1—平面反射镜；2—桥板；3—物镜；4、15—反射镜；5—测微读数鼓轮；6—可动分划板；7—目镜；8—数字分划板；9—测微器；10—定位螺钉；11—立方棱镜；12—十字分划板；13—滤光片；14—光源；16—变压器

(二)合像水平仪

合像水平仪的结构如图 2-3 所示，其示值范围为±10mm/m，分度值为 2″(相当于 $i=0.01\text{mm/m}$)。

合像水平仪的水准器 1 是一个封闭的玻璃管，内装乙醚或酒精，并留有一个小气泡。将合像水平仪安置在桥板上，当桥板的两接触点所组成的连线平行水平面时，气泡处在水准器的正中。此时，通过合像棱镜 2，将气泡两端的半像汇聚到放大镜 3 之下，出现图 2-3(*b*)所示的两半像端对齐的结果。当桥板的两接触点所组成的连线相对于水平面偏斜时，气泡偏离水准器的中心，两半像端错开 Δ〔图 2-3(*c*)〕。此时转动刻度盘 8 将水平仪重新调平，使气泡两半像端对齐，然后通过读数系统 7(分度值 1mm/m)和刻度盘 8(分度值 0.01mm/m)，即可确定测量读数。用合像水平仪测量所获得的每个读数也仅仅只反映桥板两接触点的相对高度差 δ_i。

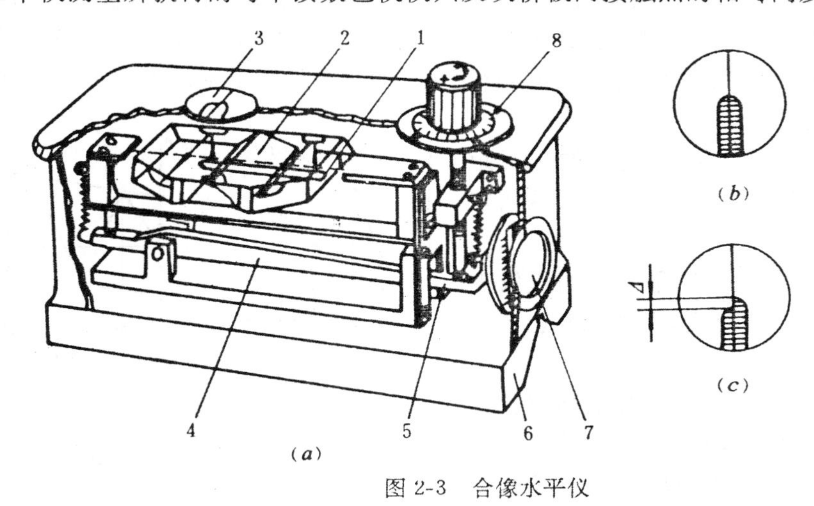

图 2-3 合像水平仪

1—水准器；2—合像棱镜；3—放大镜；4—杠杆；5—螺杆；6—底座；7—读数系统；8—刻度盘

四、测量步骤

(一)用光学自准直仪测量导轨直线度误差

1. 将自准直仪放在靠近导轨一端的支架上，接通电源。调整仪器目镜焦距，使目镜视场中的指标线与数字分划板的刻线均为最清晰。

2. 将导轨的全长分成长度相等的若干小段，调整桥板下两支点的距离 L，使其刚好等于小段的长度；将反射镜固定在桥板上，然后将桥板安置在导轨上，并使反射镜面面向自准直仪的平行光管。

3. 分别将桥板移至导轨两端，调整光学自准直仪的位置，使“十”字影像均能清晰地进入目镜视场。调好后就不得再移动仪器。

4. 从导轨的一端开始，依次按桥板跨距前后衔接地移动桥板。在每一个测量位置上，转动测微读数鼓轮 5，使指标线位于“十”字影像的中心，并记录下该位置的读数。

(二)用合像水平仪测量导轨直线度误差

1. 将导轨全长分成长度相等的若干小段。调整桥板下两支点的距离 L，使其刚好等于小段的长度。将水平仪固定在桥板上，然后将桥板安置在导轨上。

2. 分别将桥板移至导轨两端，调整导轨底脚的垫铁，使导轨面大致呈水平状。

3. 从导轨的一端开始，依次按桥板跨距前后衔接地移动桥板。在每一个测量位置上，转动刻度盘 8 使气泡合像，并记录下该位置的读数。

五、数据处理

1. 对各测量位置的读数作累加生成，以获得各测点相对于 0 点的高度差，即 $\Delta_k=\sum_{i=1}^{k}\delta_i$。

2. 在坐标纸上，用横坐标 x 表示测点序号，用纵坐标 y 表示各测点相对于 0 点的高度差 Δ_k，作出图 2-4 所示的误差折线。

3. 根据形状误差评定中的最小条件，分别作两条平行直线 L_1 和 L_2 将误差折线包容，并使两平行直线之间的坐标距离(平行于 y 方向的距离)为最小。例如，对图2-4(a)所示的误差折线，可先作一条下包容线 L_1（因为误差折线上各点相对于 L_1 的坐标距离符合低-高-低准则），然后过最高点作 L_1 的平行线，获得上包容线 L_2；对图 2-4(*b*)所示的误差折线，可先作一条上包容线 L_2（因为误差折线上各点相对于 L_2 的坐标距离符合高-低-高准则），然后过最低点作 L_2 的平行线，获得下包容线 L_1。

4. 确定两平行直线 L_1 与 L_2 之间的坐标距离，并将其与实际分度值 i' 相乘，其乘积即为所求的直线度误差值。

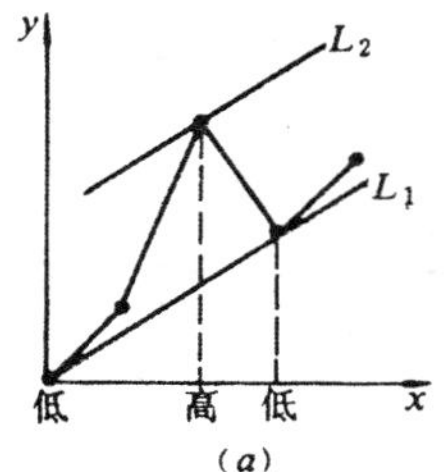

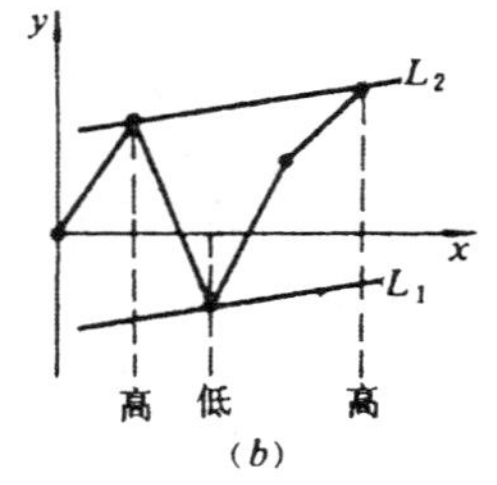

图 2-4　直线度误差评定准则

例 2-1：用光学自准直仪测量导轨的直线度误差，其读数如表 2-1 所列，桥板跨距 $L=180\text{mm}$，求直线度误差值。

解法一：按测点序号和直接累加值描点作误差折线图，如图 2-5(*a*)所示，两条包容线之间的坐标距离 $d=7.5$（格值），$i'=0.005\text{mm/m}\times0.18\text{m}=0.9\mu\text{m}$，故直线度误差 $f=7.5\times i'=(7.5\times0.9)\mu\text{m}=6.75\mu\text{m}$。

这种解法由于采用直接累加值描点，当每次测量的读数较大或测点较多时，最后一个累加值势必很大。这样，作图的比例就要取大，从而降低了作图精度。为了解决这一问题，可采用另一种作图方法。

表 2-1　直线度误差测量数据处理

反射镜位置		0～180	180～360	360～540	540～720	720～900	900～1080	1080～1260	1260～1440
测点序号 i	0	1	2	3	4	5	6	7	8
读数/格		+5	+10	+10.5	+4	+6	+4	+4.5	+12
直接累加值/格	0	+5	+15	+25.5	+29.5	+35.5	+39.5	+44	+56
相对值/格	0	0	+5	+5.5	−1	+1	−1	−0.5	+7
相对累加值/格	0	0	+5	+10.5	+9.5	+10.5	+9.5	+9	+16

解法二：将读数行中的每一个读数分别减去第一个位置的读数+5，得到相对值，然后再将相对值累加。按测点序号和相对累加值描点作误差折线图如图 2-5(*b*)所示。两条包容线之间的坐标距离也是 7.5（格值）。故直线度误差亦为 6.75μm。

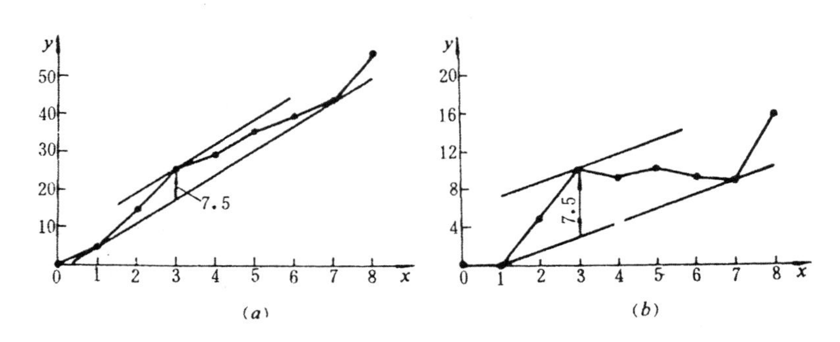

图 2-5　直线度误差折线

六、注意事项

不要用手触摸光学自准直仪镜头和反射镜面。

七、思考题

1. 评定直线度误差时，为什么取两条包容线之间的坐标距离？能否取包容线之间的垂直距离？

2. 导轨的分段数如何选定？是多好还是少好？

实验 2-2　平面度误差测量

一、目的与要求

1. 了解间接法测量平面度误差的布线形式；
2. 掌握平面度误差的测量与数据处理方法。

二、测量原理

平面度误差通常也是按与理想要素比较的原则进行测量，其测量原理与直线度误差测量原理基本相同，仅有的差别是：直线度误差的测量是在一条被测实际直线上，按节距法逐步连锁进行；而平面度误差的测量是在被测实际平面上，预先拟定若干条测量线，然后按节距法逐线逐步连锁进行。测量线的布置形式通常采用“米”字形〔图 2-6(*a*)〕和栅格形〔图 2-6(*b*)〕两种。

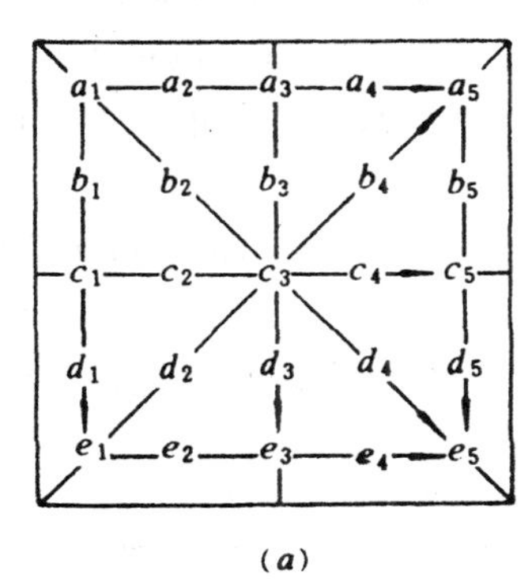

(*a*)

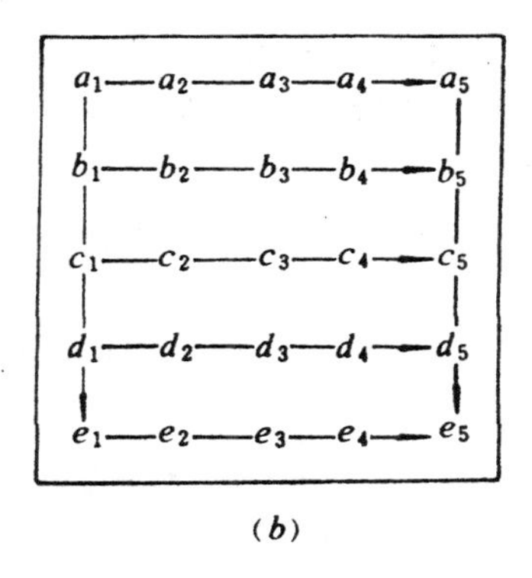

(*b*)

图 2-6　平面度误差测量的布线形式

采用“米”字形布线进行测量的方法，亦称为对角线测量法。它有八条测量线，即四个边(a_1-a_5，a_1-e_1，e_1-e_5，a_5-e_5)，两条对角线(a_1-e_5，e_1-a_5)，两条对称平分线(a_3-e_3，c_1-c_5)。测量时，应先测出两对角线上各点读数，然后再测出四条边和两对称平分线上各点读数，图中箭头表示逐次移动的方向。

采用栅格形布线进行测量的方法叫作环线测量法。测量时，以 a_1 为测量的始发点，先测量出 $a_1 \to a_5 \to e_5$ 和 $a_1 \to e_1 \to e_5$ 这两条折线上各点的读数，然后测量平行于 a_1-a_5 的其余各线上各点读数，图中箭头表示逐次移动的方向。

三、测量仪器

测量仪器主要是，水平仪、合像水平仪或光学自准直仪。

四、测量步骤

1. 用可调支承将被测件顶起，将水平仪先后放在被测表面中间互相垂直的位置上，调整支承，使被测表面大致呈水平状。

2. 按选定的测量方法在被测表面上布线并作好标记(若测量平板，则四周的布线应离边缘10mm)。

3. 按顺序逐线逐步测量，并记录下各线各测量位置的读数。

五、数据处理

平面度误差的数据处理一般分为两大步骤：首先按不同的测量方法，将测量读数换算成各测点相对于参考平面的高度值(常称原始数据的计算)；然后根据最小条件准则确定评定基准平面，计算出平面度误差值。

(一)对角线法

1. 将测量读数换算成线值并作累加处理，画出各测量线上的误差折线，以两端点的连线为基准，确定各测点的高度值。

2. 确定参考平面 A_0，此参考平面通过一条对角线上的两个角点，并与另外两个角点的连线平行。

3. 确定其余测量线上各测点相对于参考平面 A_0 的高度值，并标注在示意图上。

4. 按最小条件准则选点确定评定基准平面，计算出平面度误差值。

例 2-2： 用分度值为 0.01mm/m 的合像水平仪，按对角线法测量 $450\times450\text{mm}^2$ 平板的平面度误差。对角线方向的测量节距为 141mm，其余测量线上的节距为 100mm，测点数为 5×5，求平面度误差值。

解： (1)根据不同的节距 L 和仪器的分度值 i，将各点的测量读数 a 换算成线值 a'，即

$$a'=iLa$$

(2)对 a' 作累加处理，画出各测量线上的误差折线。以两端点连线为基准，确定各测点的高度值(见表 2-2)。

表 2-2 各测点相对于端点连线的高度值

被测线	测点位置	a'	累加值	误差折线图	测点相对于两端点连线的高度值
e_1—a_5	e_1	0	0	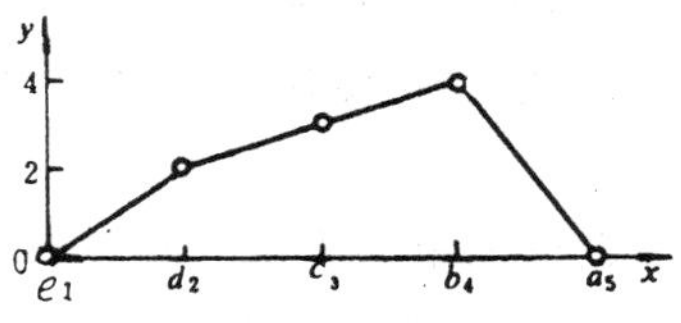	0
	d_2	+2	+2		+2
	c_3	+1	+3		+3
	b_4	+1	+4		+4
	a_5	−4	0		0

续表

被测线	测点位置	α'	累加值	误差折线图	测点相对于两端点连线的高度值
a_1—e_5	a_1	0	0	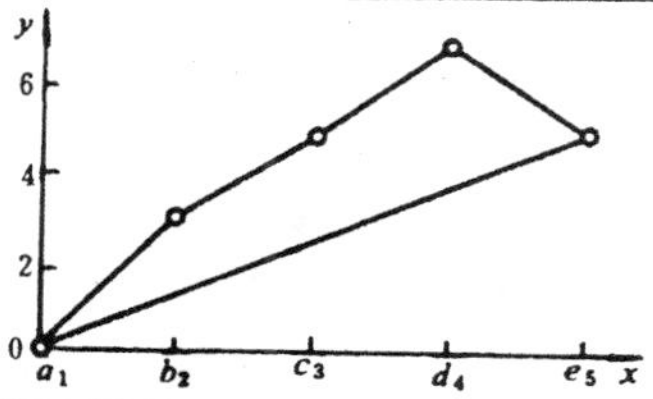	0
	b_2	+3	+3		+1.8
	c_3	+2	+5		+2.5
	d_4	+2	+7		+3.3
	e_5	−2	+5		0
a_1—e_1	a_1	0	0	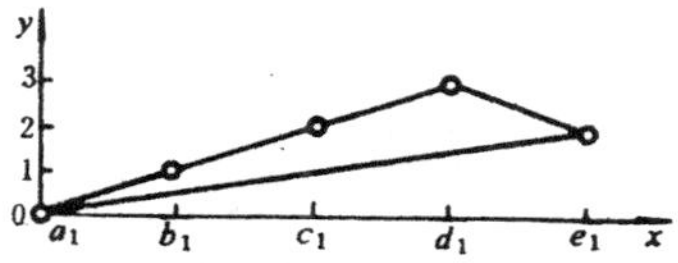	0
	b_1	+1	+1		+0.5
	c_1	+1	+2		+1
	d_1	+1	+3		+1.5
	e_1	−1	+2		0
e_1—e_5	e_1	0	0	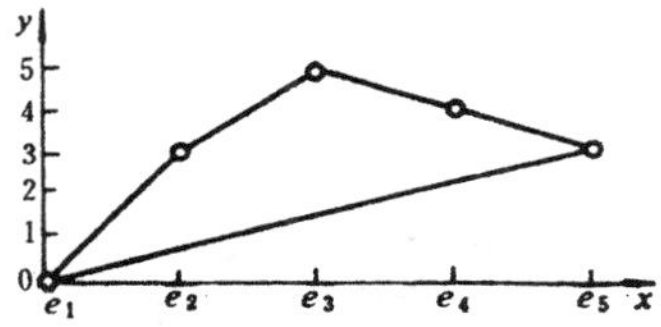	0
	e_2	+3	+3		+2.3
	e_3	+2	+5		+3.5
	e_4	−1	+4		+1.8
	e_5	−1	+3		0
a_1—a_5	a_1	0	0	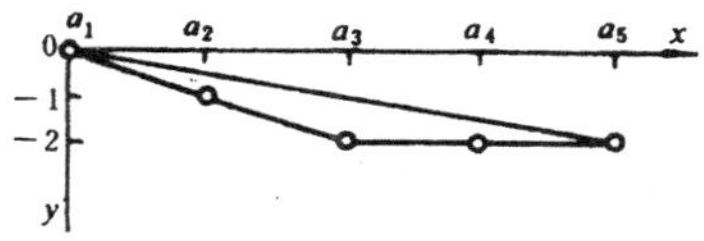	0
	a_2	−1	−1		−0.5
	a_3	−1	−2		−1
	a_4	0	−2		−0.5
	a_5	0	−2		0
a_5—e_5	a_5	0	0	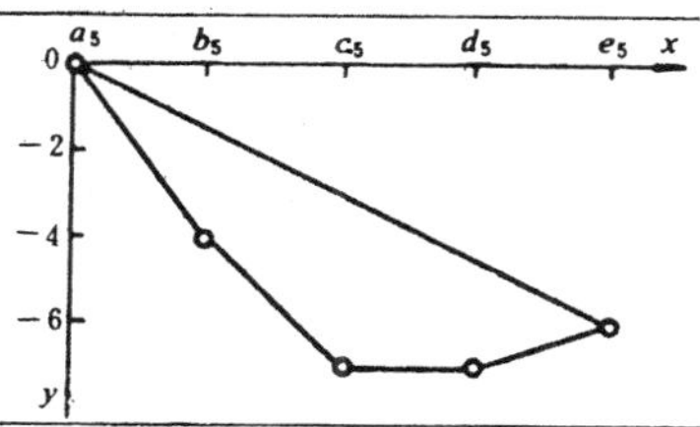	0
	b_5	−4	−4		−2.5
	c_5	−3	−7		−4
	d_5	0	−7		−2.5
	e_5	+1	−6		0
a_3—e_3	a_3	0	0	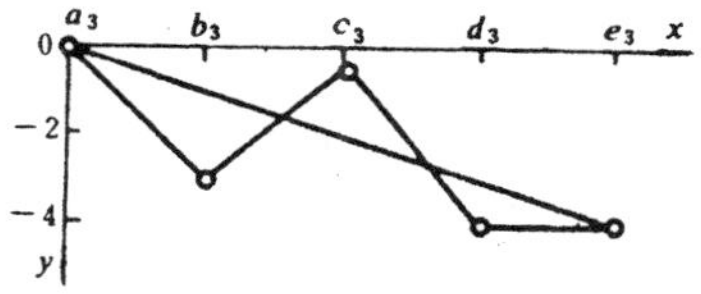	0
	b_3	−3	−3		−2
	c_3	+2.5	−0.5		+1.5
	d_3	−3.5	−4		−1
	e_3	0	−4		0
c_1—c_5	c_1	0	0	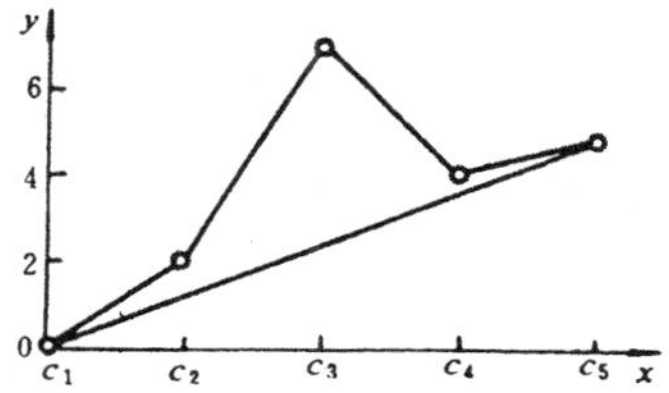	0
	c_2	+2	+2		+0.8
	c_3	+5	+7		+4.6
	c_4	−3	+4		+0.3
	c_5	+1	+5		0

(3)过点 e_1 和 a_5 作参考平面 A_0，使其平行于线段$\overline{a_1e_5}$。用图解法确定各测点相对于参考平面 A_0 的高度值(见表 2-3)。

表 2-3　各测点相对于参考平面的高度值

测点位置	图　解	各点相对 A_0 的高度值	说　明
e_1 d_2 c_3 b_4 a_5	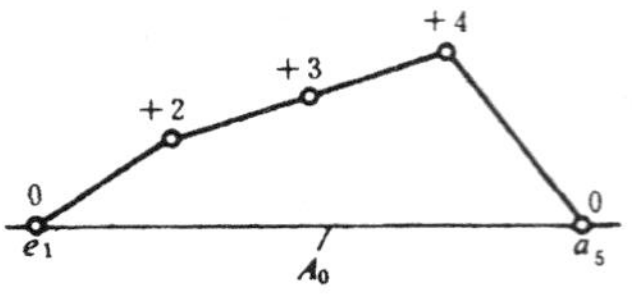	0 +2 +3 +4 0	因为点 e_1 和 a_5 在平面 A_0 上，故 e_1-a_5 上各点对 A_0 的高度值就是各点相对于两端点连线的高度值(见表 2-2 中第一栏)。
a_1 b_2 c_3 d_4 e_5	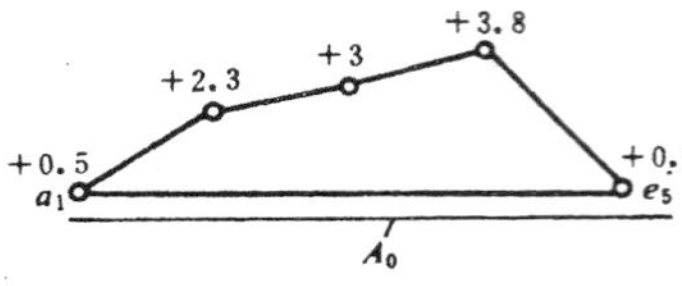	+0.5 +2.3 +3 +3.8 +0.5	因为 A_0 平行于$\overline{a_1e_5}$，所以 a_1、e_5 两点到 A_0 的距离相等，其数值等于表 2-2 中两对角线上同一点 c_3 的两个高度值之差(3－2.5＝+0.5)。其余各点相对于 A_0 的高度值，均在原高度值的基础上加上 0.5。
a_1 b_1 c_1 d_1 e_1	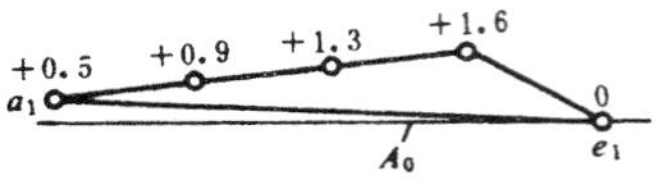	0.5 +0.9 +1.3 +1.6 0	因为 e_1 在 A_0 上，a_1 距 $A_0$0.5，可在表 2-2 第三栏的高度值中，使 e_1 点不变，a_1 点加上 0.5，中间各点按比例增加。
e_1 e_2 e_3 e_4 e_5	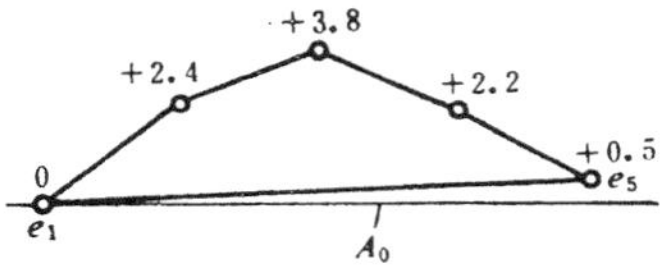	0 +2.4 +3.8 +2.2 +0.5	e_1 在 A_0 上，e_5 距 $A_0$0.5，中间各点按比例增加。
a_1 a_2 a_3 a_4 a_5	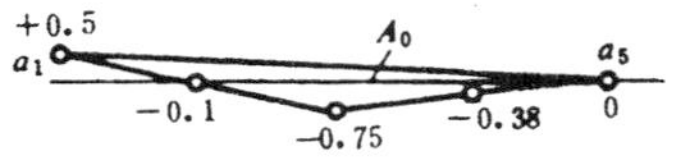	+0.50 −0.10 −0.75 −0.38 0	a_5 在 A_0 上，a_1 距 $A_0$0.5，中间各点按比例增加。
a_5 b_5 c_5 d_5 e_5	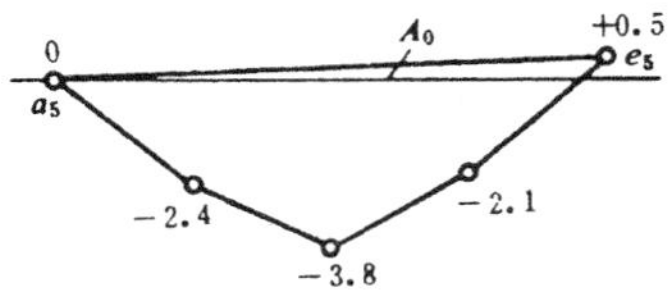	0 −2.4 −3.8 −2.1 +0.5	a_5 在 A_0 上，e_5 距 $A_0$0.5，中间各点按比例增加。
a_3 b_3 c_3 d_3 e_3	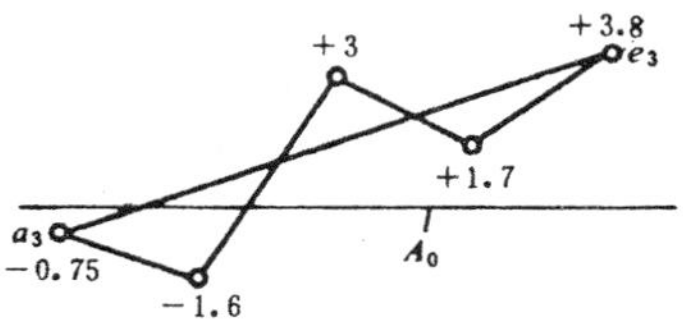	−0.75 −1.6 +3 +1.7 +3.8	前面已求出 a_3＝−0.75 e_3＝+3.8 中间各点按比例计算。

续表

测点位置	图　　解	各点相对 A_0 的高度值	说　　明
c_1 c_2 c_3 c_4 c_5	+3.3 +1.3 +0.8 c_1 A_0 −2.2 −3.8 c_5	+1.3 +0.8 +3.3 −2.2 −3.8	前面已求出 c_1=+1.3 c_5=−3.8 中间各点按比例计算。

(4)将表 2-3 中各测点相对于 A_0 的高度值标在图 2-7 中。为了简化计算,图中数据按四舍五入取整。

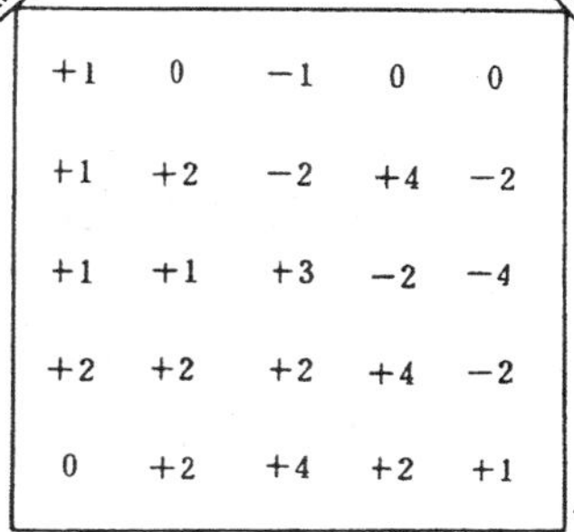

图 2-7　各测点相对 A_0 的高度值

(5)分别向垂直于两对角线的平面(M 面和 N 面)投影,确定上、下包容面(见图 2-8)。若上 、下包容面通过的点容易判断,此步可省去。从图 2-8 可看出上包容面可能通过 b_4、d_4点,下包容面可能通过 e_1、c_5、b_5、b_3、d_5点中的某二点。试以 b_4d_4为转轴旋转,使 c_5与 e_1等高,此时符合交叉准则(见图 2-9)。被测平板的平面度误差值 $f=[4-(-3)]\mu m=7(\mu m)$。

(二)栅格法

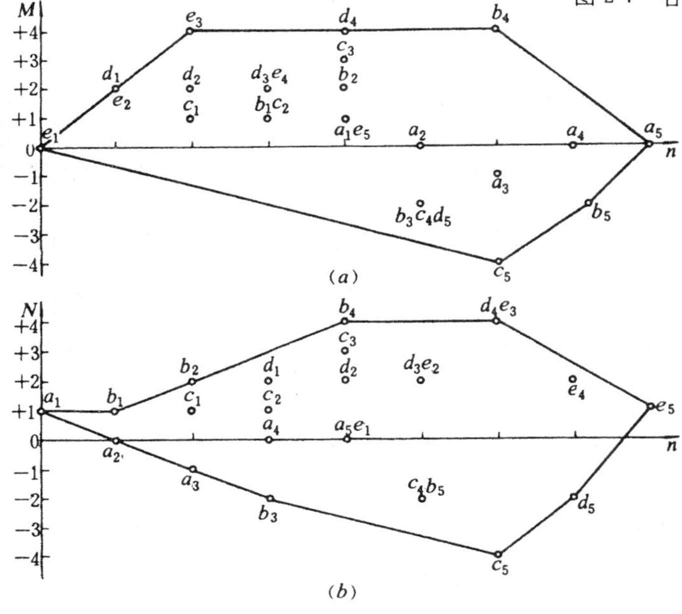

图 2-8　向 M 和 N 面投影确定上、下包容面

1. 将测量读数换算成线值,并从测量起始点开始沿图 2-6(b)中箭头所示的测量方向进行累加,求得各点相对于测量起始点的高度差。

2. 封闭点的平差处理。累加后,封闭点 b_5、c_5、d_5、e_5四点均有两个数据,一般要求对两组数据进行平差处理,使其唯一。若两个数据相差不大,也可取平均值作为这些点的数据(以下例题

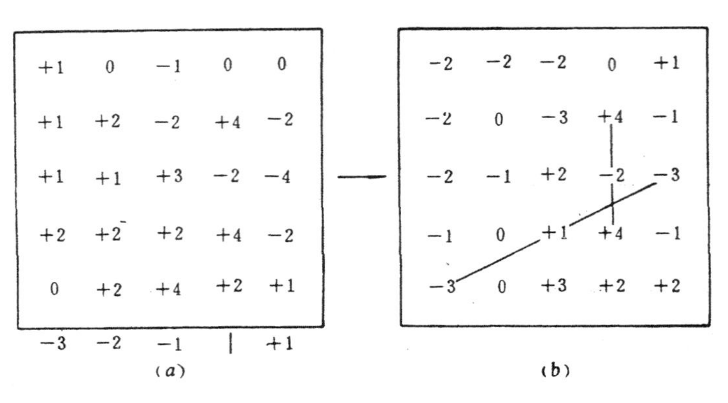

图 2-9 以 b_4d_4 为轴旋转

按平均值计算)。

3. 按最小条件准则选点确定评定基准平面、计算出平面度误差值。

例 2-3:用分度值为 0.01mm/m 的合像水平仪按栅格法测量 450×450mm² 平板的平面度误差,节距为 100mm,测点数为 5×5,求平面度误差值。

解:(1)根据节距 $L=100$mm 和仪器的分度值 $i=0.01$mm/m,将各点的测量读数 a 换算成线值 a',即

$$a'=iLa=a(\mu m)$$

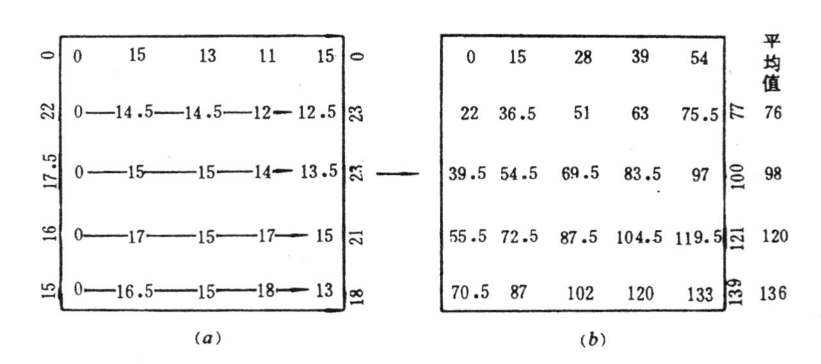

图 2-10 栅格法原始数据的处理

将 a' 示于图 2-10(a)中。

(2)从测量起始点开始,沿测量方向进行累加,求出各点相对于测量起始点的高度差,并作平差(平均)处理[图 2-10(b)]。

(3)以 a_1e_1 为轴旋转,使 $a_5=0$(见图 2-11)。

(4)以 a_1a_5 为轴旋转,使 $e_5=0$(见图 2-12)。

(5)通过分析图 2-12 中的数据,估计上包容面可能过 b_3、d_5 两点,下包容面可能过 e_1、a_4 两点(也可同例 2-2 一样,分别向 M 面和 N 面投影来估计上、下包容面可能通过的点)。

(6)以 a_4e_4 为轴旋转,使 b_3 和 d_5 两点等值;再以 b_3d_5 为轴旋转,使 a_4 和 e_1 两点等值。此时符合交叉准则(见图 2-13)。被测平板的平面度误差值 $f=4\mu m-(-3.9)\mu m=7.9\mu m$。

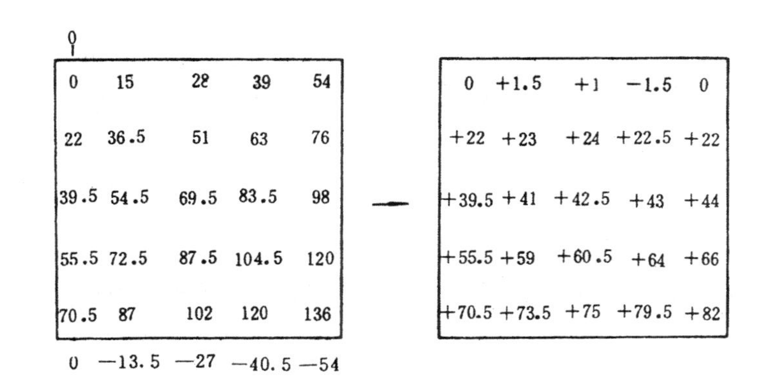

图 2-11 以 a_1e_1 为轴旋转

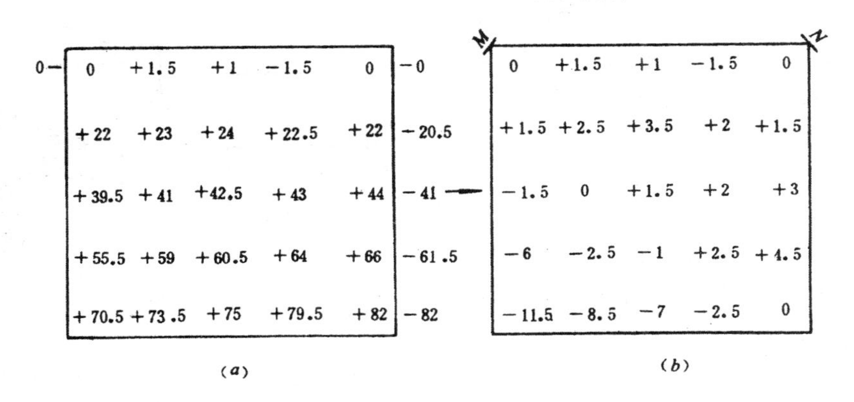

图 2-12 以 a_1a_5 为轴旋转

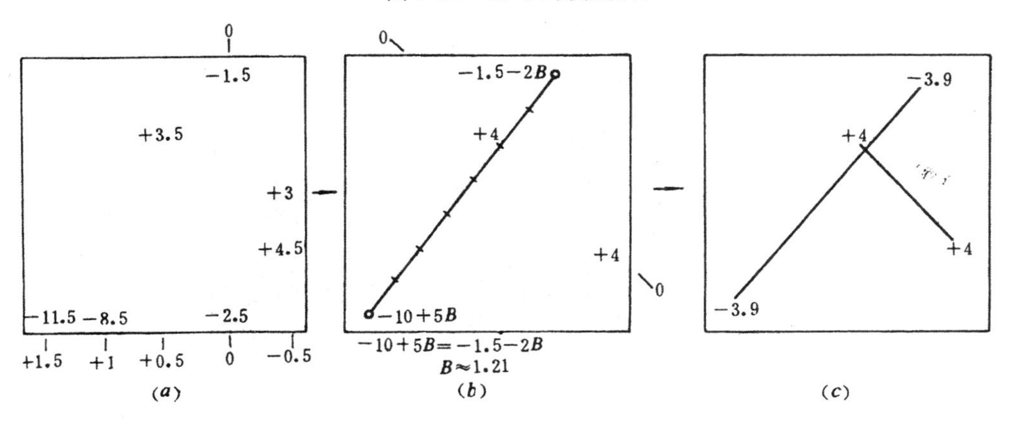

图 2-13 以 a_4e_4 和 b_3d_5 为轴旋转

六、思考题

1)测量平面度误差的两种布线测量方法各有何优缺点?

2)试对平面度误差的测量结果作精度分析。

实验 2-3　圆度误差测量

一、目的与要求

1. 掌握在光学分度头上测量圆度误差的方法；
2. 学会用最小二乘法和最小区域法评定圆度误差，并对圆度误差曲线进行谐波分析。

二、测量原理

对于图 2-14 所示的轴类零件，其圆度误差的测量可用两中心孔的轴线 $A-B$ 为公共基准，直接测量圆柱体横截面轮廓上各点到基准轴线的半径差，按最小区域法或最小二乘法计算出圆度误差值。这种测量方式是根据测量跳动的原则，直接测量径向圆跳动，间接确定圆度误差。

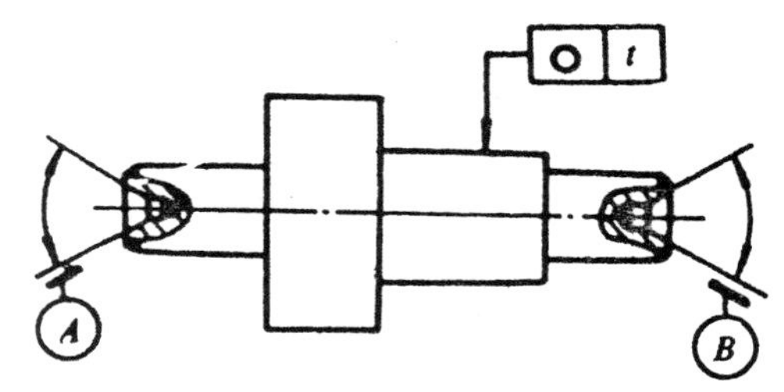

图 2-14　被测轴

三、测量仪器

圆度误差可以用图 2-15 所示的凸轮轴检查仪测量，它由精密光学分度头 1、尾架 5、机座 7 及支承在支架 9 上的测量轴等几个部件组成。

当插销 17 插入分度头支架上的销孔中时，分度蜗杆与蜗轮啮合，转动手柄 16，则分度头主轴就会转动。旋紧分度盘 15 背后的圆环(图中未示出)后，可用旋钮 14 微动主轴。

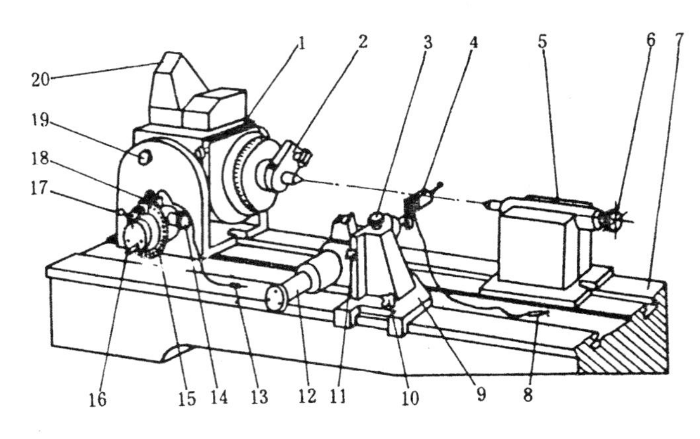

图 2-15　凸轮轴检查仪

1—分度头；2—拨爪；3—旋钮；4—千分表(电感测头)；5—尾架；6—旋钮；7—机座；8、13—插头；9—支架；10、11—锁紧螺钉；12—测量轴；14—旋钮；15—分度盘；16—手柄；17—插销；18—光电转换器；19—旋钮；20—读数窗

测量时，工件安装在分度头主轴与尾架的两顶尖上。尾架与分度头之间的距离可根据工件的长度，移动尾架来调整。固定尾架后，可转动旋钮 6，使尾架顶尖作轴向移动，以顶住工件。工件靠固定在分度头顶尖上的拨爪 2 拨动紧定在工件左端的鸡心夹(图中未示出)来实现与主轴的同步回转。

测量轴 12 的一端装有千分表 4(或电感测头)。松开锁紧螺钉 10，支架 9 可带动千分表作纵 向移动，使测头移到工件的待测截面处。松开锁紧螺钉11，转动旋钮3，使千分表作上下移动。松开测量轴锁紧螺钉(图中未示出)后,测量轴便可在支承中作轴向移动,同时配合转动旋钮3,可使测头在指定截面上与工件表面的最高素线接触。这样,当工件回转时,千分表就将指示出截面轮廓相对于回转轴线的距离变动值 Δr。

利用光学分度头,记录工件每转过一个转角 $\theta(360°/n)$ 时相应测点的距离变动值 $\Delta r_i(i=1,2,\cdots,n)$,其中n为给定的测量点数。根据测得数据,按要求进行数据处理。

四、测量步骤

1. 通过变压器接通电源。

2. 将装好夹头的工件安装在分度头与尾架的两顶尖之间。

3. 移动支架9,使千分表测量头位于被测截面的上方,然后将螺钉10锁紧。

4. 转动旋钮3使千分表下移,并相应地水平移动测量轴。反复调整,使千分表表头与工件的最高素线接触。然后将螺钉11和测量轴锁紧。

5. 通过手柄16转动工件,每转30°(由读数窗读数),记录一次千分表的读数。读数窗中的视场如图2-16所示,它由上、下两部分刻线及数字组成。读数前,需先转动旋钮19(见图2-15),使螺旋游标线1位于读数窗上部的一组双刻线之间,然后方可进行读数。读数窗上部有左右两列数字,左边数字示出“度”数,右边数字示出“分”的十位数值(即10′,20′,…)。读数窗的下部有上、下两行数字,上面一行示出“分”的个位数值;下面一行示出“秒”的数值(最小分划为3秒)。如图所示,读数为41°37′12″。

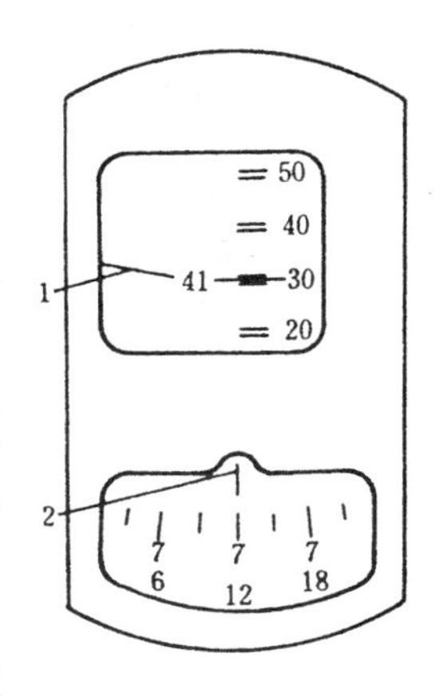

图 2-16 读数窗

五、数据处理

(一)按最小区域法评定圆度误差

最小区域圆是指包容实际轮廓的两个半径差为最小的同心圆,包容时至少应有四个实测点内外相间地分别分布在两个圆周上。确定圆度误差的方法如下:

1. 将所测各读数都减去读数中的最小值,使相对读数全为正值。按适当比例放大后,将各数值依次标记在极坐标纸上,如图2-17所示。

2. 将透明的同心圆模板覆盖在极坐标图上,并在图上移动,使某两个同心圆包容所标记的各个点,而且此两圆之间的距离为最小。此时,至少应有四个点顺序交替地落在此两圆的圆周上,如图2-17中,a、c两点在内接圆2上,b、d两点同在外接圆5上,其余各点均被包容在此两圆之间,则此两圆为最小区域圆,圆心在o点。两圆之间的距离为3格,假设每格标定值为 $2\mu m$,则此圆度误差为 $6\mu m$。

(二)按最小二乘法评定圆度误差

最小二乘圆是指实际轮廓上各点到此圆的距离之平方和为最小。以此圆的中心为圆心,作两圆包容实际轮廓,两圆上至少应各有一个实测点。取两圆的半径差作为圆度误差。

设以各测点的读数代表实际轮廓上各点到回转中心o的距离 r_i,测点数为n,其余符号如图2-18所示。其计算步骤如下:

1. 求最小二乘圆的圆心坐标(a,b)和半径R。

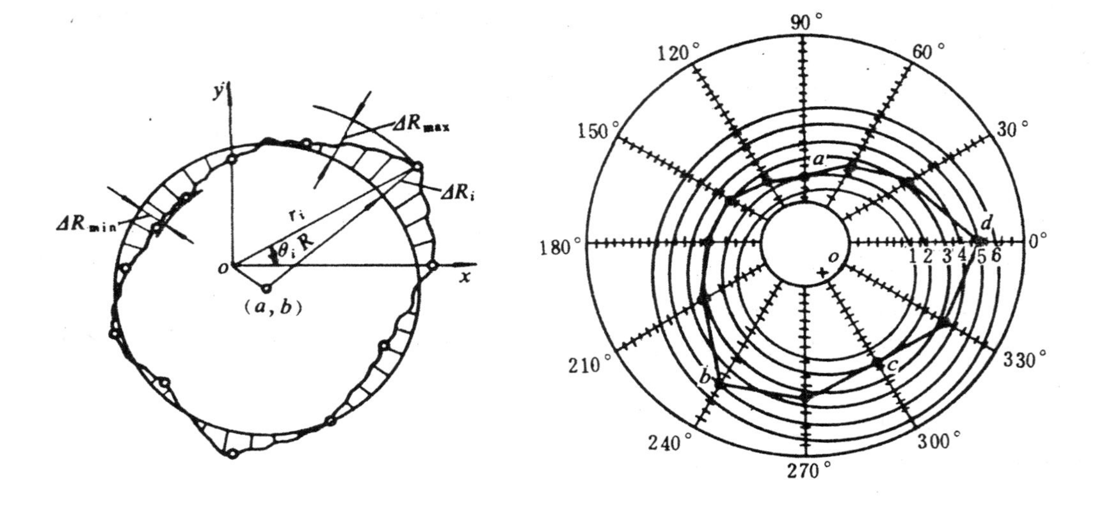

图 2-17　用同心圆模板找最小区域圆的圆心　　　　图 2-18　最小二乘圆

$$a=\frac{2}{n}\sum_{i=1}^{n}r_i\cos\theta_i \qquad \left(\theta_i=i\theta=i\,\frac{360^\circ}{n}\right)$$

$$b=\frac{2}{n}\sum_{i=1}^{n}r_i\sin\theta_i$$

$$R=\frac{1}{n}\sum_{i=1}^{n}r_i \qquad (i=1,2,\cdots,n)$$

2.求实际轮廓上各点与最小二乘圆的距离 ΔR_i。

$$\Delta R_i=r_i-(R+a\cos\theta_i+b\sin\theta_i)$$

3.计算圆度误差值 f。

$$f=\max\{\Delta R_i\}-\min\{\Delta R_i\}$$

例 2-4:在凸轮轴检查仪上测量 Φ40mm 的圆柱零件某截面的圆度误差。测点数 $n=12$,等分角 $\theta=360^\circ/12=30^\circ$。测得值和部分计算值列于表 2-4 中。

解:

$$R=\frac{1}{n}\sum_{i=1}^{n}r_i=\left(\frac{-61}{12}\right)\mu\text{m}\approx-5.08\mu\text{m}$$

$$a=\frac{2}{n}\sum_{i=1}^{n}r_i\cos\theta_i=\left(\frac{2\times23.99}{12}\right)\mu\text{m}\approx4.00\mu\text{m}$$

$$b=\frac{2}{n}\sum_{i=1}^{n}r_i\sin\theta_i=\left[\frac{2\times(-13.55)}{12}\right]\mu\text{m}\approx-2.26\mu\text{m}$$

圆度误差　$f=\max\{\Delta R_i\}-\min\{\Delta R_i\}=2.41\mu\text{m}-(-1.96)\mu\text{m}\approx4.4\mu\text{m}$

(三)对圆度误差曲线进行谐波分析

将周期函数展成富氏级数的方法叫谐波分析法。如果从试验数据或图形中可以看出两变量之间具有周期性,就可以把试验数据分解成简单的三角函数,也就是将周期函数近似地用三角多项式来表示,即

表 2-4 用最小二乘法求圆度误差

i	$\theta_i/(°)$	$r_i/\mu m$	$\sin\theta_i$	$\cos\theta_i$	$r_i\sin\theta_i$	$r_i\cos\theta_i$	$b\sin\theta_i$	$a\cos\theta_i$	ΔR_i
1	0	0	0	1	0	0	0	+4.00	+1.08
2	30	−2.2	+0.5	+0.866	−1.1	−1.91	−1.13	+3.46	+0.55
3	60	−5.0	+0.866	+0.5	−4.33	−2.5	−1.96	+2.00	+0.04
4	90	−5.0	+1	0	−5	0	−2.26	0	+2.34
5	120	−11.0	+0.866	−0.5	−9.53	+5.5	−1.96	−2.00	−1.96
6	150	−11.6	+0.5	−0.866	−5.8	+10.05	−1.13	−3.46	−1.93
7	180	−9.6	0	−1	0	+9.6	0	−4.00	−0.52
8	210	−5.0	−0.5	−0.866	+2.5	+4.33	+1.13	−3.46	+2.41
9	240	−3.6	−0.866	−0.5	+3.12	+1.8	+1.96	−2.00	+1.52
10	270	−4.0	−1	0	+4	0	+2.26	0	−1.18
11	300	−1.6	−0.866	+0.5	+1.39	−0.8	+1.96	+2.00	−0.48
12	330	−2.4	−0.5	+0.866	+1.2	−2.08	+1.13	+3.46	−1.91
$\sum_{i=1}^{12}$		−61			−13.55	23.99			

$$y=f(x)\approx\varphi(x)=a_0+a_1\cos x+a_2\cos 2x+\cdots+a_k\cos kx+b_1\sin x+b_2\sin 2x+\cdots+b_k\sin kx$$

确定上式中各系数的实用方法是坐标法，即将周期 2π 等分为若干份(为便于计算，最好是 4 的倍数)，由相应各对 x,y 值可得联立方程，解之即可得到各系数。为了简化计算，常采用组合的方法。以 12 点坐标法为例，设有 12 对观察值，如表 2-5 所列。

表 2-5 观察点坐标

x	0°	30°	60°	90°	120°	150°	180°	210°	240°	270°	300°	330°
y	y_0	y_1	y_2	y_3	y_4	y_5	y_6	y_7	y_8	y_9	y_{10}	y_{11}

将纵坐标排成(1)、(2)两排，对相应的纵坐标做加、减运算，将结果再排成(3)、(4)两排。再做加、减运算，如此等等。具体做法如下：

(1)	y_0	y_1	y_2	y_3	y_4	y_5
(2)	y_6	y_{11}	y_{10}	y_9	y_8	y_7
(1)+(2)=(u)	u_0	u_1	u_2	u_3	u_4	u_5
(1)−(2)=(v)v_0	v_0	v_1	v_2	v_3	v_4	v_5
(3)	u_0	u_1	u_2	v_1	v_2	
(4)	u_3	u_5	u_4	v_5	v_4	
(3)+(4)=(和)	r_0	r_1	r_2	p_1	p_2	
(3)−(4)=(差)	s_0	s_1	s_2	q_1	q_2	
(5)	r_1	q_1				
(6)	r_2	q_2				
(5)+(6)=(和)	l	d				
(5)−(6)=(差)	m	h				

求系数：

$$a_0=\frac{1}{12}(r_0+l),\qquad a_1=\frac{1}{6}\left(v_0+\frac{\sqrt{3}}{2}s_1+\frac{1}{2}s_2\right)$$

$$a_2=\frac{1}{6}\left(s_0+\frac{1}{2}m\right),\qquad a_3=\frac{1}{6}(v_0-s_2)$$

$$a_4=\frac{1}{6}\left((r_0-\frac{1}{2}l\right),\qquad a_5=\frac{1}{6}\left(v_0-\frac{\sqrt{3}}{2}s_1+\frac{1}{2}s_2\right)$$

$$a_6=\frac{1}{12}(s_0-m),\qquad b_1=\frac{1}{6}\left(v_3+\frac{1}{2}p_1+\frac{\sqrt{3}}{2}p_2\right)$$

$$b_2=\frac{\sqrt{3}}{12}d,\qquad b_3=\frac{1}{6}(p_1-v_3)$$

$$b_4=\frac{\sqrt{3}}{12}h,\qquad b_5=\frac{1}{6}\left(v_3+\frac{1}{2}p_1-\frac{\sqrt{3}}{2}p_2\right)$$

计算的结果是否正确可由下列等式是否成立来检验：

$$y_0=a_0+a_1+a_2+a_3+a_4+a_5+a_6$$

$$y_1-y_{11}=b_1+b_5+2b_3+\sqrt{3}(b_2+b_4)$$

按 a、b 的全部系数，计算谐波分量的振幅和初相角：

振幅　　$c_i=\sqrt{a_i^2+b_i^2}$　　　$i=1,2,\cdots,5$

初相角　　$\mathrm{tg}\varphi_i=\frac{a_i}{b_i}$　　　$i=1,2,\cdots,5$

由 a_i、b_i 的正负号确定 φ_i 所在的象限，然后确定 φ_i 的值。

富氏级数的近似表达式为：

$$y\approx a_0+c_1\sin(x+\varphi_1)+c_2\sin(2x+\varphi_2)+c_3\sin(3x+\varphi_3)+c_4\sin(4x+\varphi_4)+c_5\sin(5x+\varphi_5)$$

把误差曲线分解成谐波分量，找出与各个谐波分量相对应的各种因素的影响，以便在实践中采取工艺措施，消除或减弱不利因素，提高加工质量。

六、思考题

1. 计算最小二乘圆心坐标 a、b 以及半径 R 的公式是在哪些假设条件下导出的？
2. 对圆度误差曲线进行谐波分析的目的是什么？

实验 2-4　轴的位置误差测量

一、目的与要求

1. 了解有关位置公差的实际含义；
2. 学会用普通测量器具测量轴类零件的有关位置误差。

二、测量原理

位置误差是指关联被测实际要素对其理想要素的变动量。理想要素的位置和方向由基准确定。对于轴类零件，一般选用轴心线和端面作为基准。测量时，常常用 V 形块来模拟轴心线基准，测出被测实际要素上各点相对于模拟基准的变动量，从而计算出位置误差值。对于图 2-19所示的轴类零件，一般需测量如下位置误差：

1. 圆柱表面②对圆柱面①和③的公共轴心线的径向圆跳动误差；
2. 内锥孔表面④对圆柱面①和③的公共轴心线的斜向圆跳动误差；
3. 端面⑤对圆柱面①和③的公共轴心线的端面圆跳动误差；

4. 键槽两侧面⑥对轴心线的对称度误差。

三、测量器具

测量器具主要有平板、V 形块、量块、指示表及磁性表架。

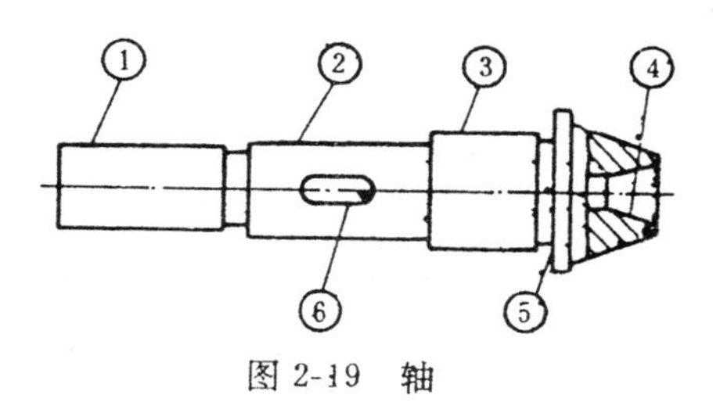

图 2-19　轴

四、测量步骤

(一)径向圆跳动误差的测量

1. 如图 2-20 所示，将基准表面③和①支承在 V 形块上，以此模拟基准轴线。

2. 使指示表的测量头与被测表面②上的最高素线接触，并使表针有一定的预压量。

3. 使主轴回转一周，指示表上的最大读数与最小读数之差即为单个截面上的径向圆跳动误差。分别在几个截面上进行测量，取其最大值作为测量结果。

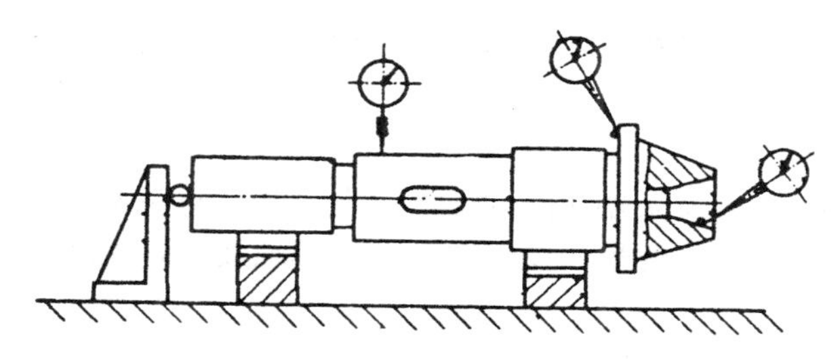
图 2-20　跳动误差的测量

(二)斜向圆跳动误差的测量

测量步骤与径向圆跳动误差的测量相同。采用杠杆指示表进行测量。

(三)端面圆跳动误差的测量

1. 工件的安装如图 2-20 所示；

2. 使杠杆指示表的测量头与被测端面⑤接触，并使表针有一定的预压量。

3. 使主轴回转一周，指示表上的最大读数与最小读数之差，即为所测圆周上的端面圆跳动误差。分别在几个圆周上测量，取其最大值作为测量结果。

(四)键槽对称度误差的测量

1. 如图 2-21 所示，将专用键块装进键槽中。移动指示表，调整被测件使键块沿轴的径向与平板平行。记下指示表的读数 a_1。

2. 将轴转过 180°，用与 1. 同样的方法调整被测件，使键块沿轴的径向与平板平行。记下指示表的读数 a_2。

3. 键槽在该截面上的对称度误差按下式计算：

$$f_{截}=\frac{|a_1-a_2|h}{2R-h}$$

式中，R—— 轴的半径；h—— 键槽深。

4. 如图 2-22 所示，使杠杆百分表的测量头与键槽侧表面接触，并沿键槽长度方向移动，指示表的最大读数与最小读数之差为键槽长度方向的对称度误差，即

$$f_{长}=a_{max}-a_{min}$$

取 $f_{截}$ 和 $f_{长}$ 中较大的数作为该零件的对称度误差。

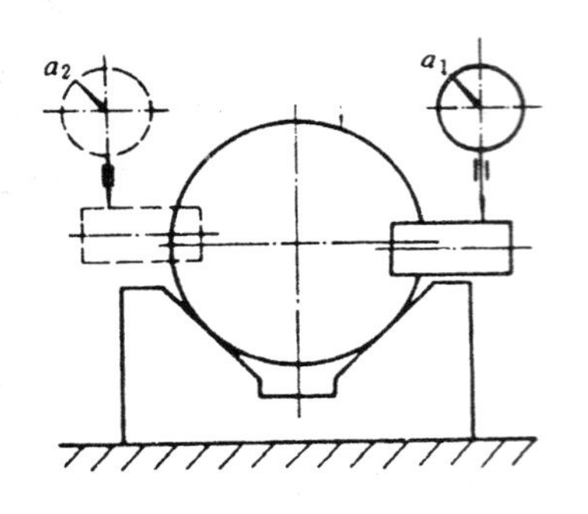

图 2-21　截面对称度误差的测量

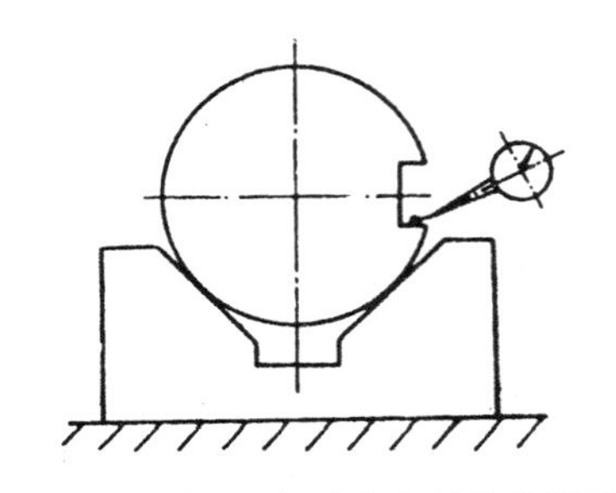

图 2-22　键长方向对称度误差的测量

五、注意事项

测量斜向圆跳动和端面圆跳动误差过程中，主轴转动时不允许有轴向窜动。

六、思考题

1. 径向圆跳动误差与圆度误差和同轴度误差有何区别与联系？
2. 端面圆跳动误差与端面的平面度误差和端面对轴线的垂直度误差有何区别与联系？

实验 2-5　箱体位置误差测量

一、目的与要求

1. 理解有关位置公差的实际含义；
2. 学会用普通测量器具测量箱体零件的有关位置误差。

二、测量原理

位置误差是指关联被测实际要素对其理想要素的变动量。理想要素的位置和方向由基准确定。在箱体上一般选用平面或孔的轴心线作为基准。测量箱体位置误差实质上是以平板或心轴来模拟基准，用合适的测量器具来测量被测实际要素上各点对平板的平面或心轴的轴线之间的距离，按照各项位置公差要求来评定位置误差。例如，图 2-23 所示的箱体上标有七项位置公差。现将各项公差的要求及相应误差的测量原理分述如下：

1. | // | 100 : 0.015 | B |

这表示孔 Φ30H6 Ⓔ的轴线对箱体底平面 B 的平行度公差，在轴线长度 100mm 内，平行度公差值为 0.015mm。当轴线长度为 40mm 时，平行度公差值为(0.015×40/100)mm＝0.006mm。

测量时，用平板模拟基准平面 B，用标准心轴模拟被测轴线。在标准心轴的最高素线上测量两点，根据两点的读数差、两点的轴向距离以及被测孔的轴向长度，即可计算出被测孔轴线对基准平面的平行度误差。

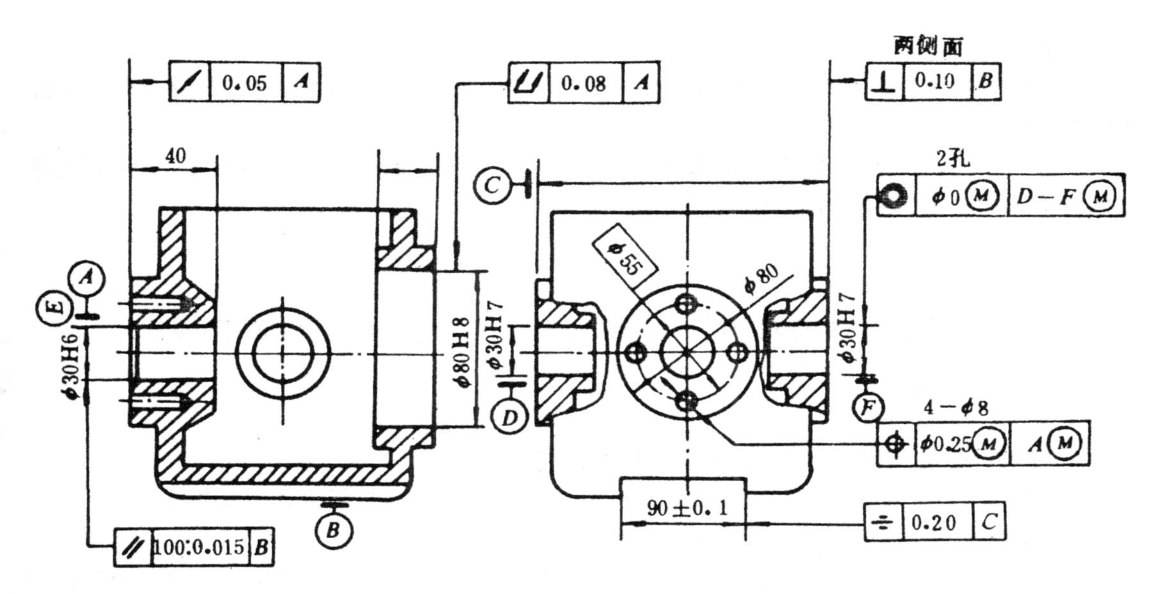

图 2-23　箱体

2. ↗ | 0.05 | A

这表示主视图上箱体左端面对孔 Φ30H6 Ⓔ 轴心线的端面圆跳动公差为 0.05mm，以孔 Φ30H6 Ⓔ 的轴心线 A 为基准。

测量时，将一标准心轴插入孔 Φ30H6 Ⓔ 中，以此模拟基准轴心线 A。在被测端面的某一圆周上，测量各点与垂直于基准轴心线的平面之间的距离，以各点距离中的最大差值作为端面圆跳动误差。

3. ⌰ | 0.08 | A

这表示 Φ80H8 孔壁对孔 Φ30H6 Ⓔ 轴心线的径向全跳动公差为 0.08mm，以孔 Φ30H6 Ⓔ 的轴心线 A 为基准。

测量时，将一标准心轴插入孔 Φ30H6 Ⓔ 中，并以此模拟基准轴心线 A。在 Φ80H8 的圆柱面上，沿某条螺旋线测量各点到基准轴线的距离，以各点距离中的最大差值作为径向全跳动误差。

4. ⊥ | 0.10 | B

这表示左视图上箱体两侧面对底平面的垂直度公差为 0.10mm，以底平面 B 为基准。

测量时，用平板模拟基准平面 B，将侧面和平板所组成的角度与直角尺进行比较，确定垂直度误差。

5. ◎ | Φ0 Ⓜ | D—F Ⓜ

这表示在 Φ30H7 两孔均处于最大实体状态时，两孔的实际轴心线对其公共轴心线的同轴度公差为 Φ0(即不允许存在同轴度误差)；当 Φ30H7 两孔偏离最大实体状态时，两孔的实际轴心线对其公共轴心线的同轴度公差值可从尺寸公差中获得补偿。这项要求最适宜用同轴度综合量规检验。

6. ⌖ | Φ0.25 Ⓜ | A Ⓜ

这表示当四个 Φ8 的孔和基准孔径 Φ30H6 均处于最大实体状态时，四个 Φ8 孔的轴心线的位置度公差为 Φ0.25mm。这项要求最适宜用位置度综合量规检验。

7. [≡|0.20|C]

这表示宽度为90±0.1mm的槽面之中心平面对箱体左、右两侧面之中心平面的对称度公差为0.20mm。

测量时，可分别测出左槽面到左侧面和右槽面到右侧面的距离，并取对应的两个距离之差中绝对值大的数值，作为对称度误差。

三、测量器具

测量器具主要是，平板、心轴、杠杆百分表、表架、垫铁、同轴度量规和位置度量规。

四、测量步骤

(一)按要求[//|100∶0.015|B]测量平行度误差

1. 如图2-24所示，将箱体3放置在平板1上，使箱体底面与平板工作面接触。

2. 将标准心轴2插入被测孔，并以此模拟被测轴线。

3. 在标准心轴的最高素线上，测量距离为L_2的a、b两点。设两点上测得的读数分别为M_a和M_b，则被测轴线对底平面的平行度误差$f_{//}$为：

$$f_{//}=\frac{L_1}{L_2}|M_a-M_b|$$

若$f_{//}\leqslant(0.015\times40/100)mm=0.006$mm时，则该项指标合格。

(二)按要求[↗|0.05|A]测量端面圆跳动误差

1. 如图2-25所示，将箱体5置于平板1上。将标准心轴4插入基准孔中，在其顶尖孔中放一钢球3。用方铁2使心轴的轴向位置固定不动。

2. 将杠杆百分表6安装在标准心轴的左端面上。调整百分表的位置，使测头尽可能与被测端面的最远处接触(一般距端面边缘1～2mm)，并将表针预压半圈。

3. 将心轴回转一周，取百分表上的最大读数与最小读数之差作为被测端面的圆跳动误差$f_{↗}$。若$f_{↗}\leqslant0.05$mm，则该项指标合格。

(三)按要求[⌰|0.08|A]测量径向全跳动误差

1. 如图2-26所示，将标准心轴2插入基准孔Φ30H6Ⓔ中，并以此模拟基准轴线。在心轴的左端面上装上杠杆百分表4，使其测量头与被测孔的孔壁接触，并将表针预压半圈左右。

2. 将标准心轴一边回转，一边沿轴向移动，使测量头在孔壁上所走过的轨迹为一条螺旋线(理想情况)。取整个测量过程中指示表上的最大读数与最小读数之差作为被测孔的径向全跳动误差$f_{⌰}$，若$f_{⌰}\leqslant0.08$mm，则此项指标合格。

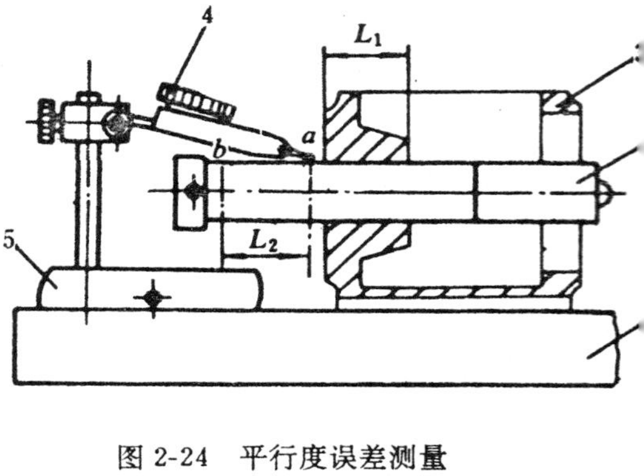

图2-24 平行度误差测量

1—平板；2—标准心轴；3—箱体；4—杠杆百分表；5—表座

(四)按要求[⊥|0.10|B]测量垂直度误差

1. 如图2-27(a)所示，将表座3置于垫铁2上。用直角尺(本例用素线与端面垂直的同轴

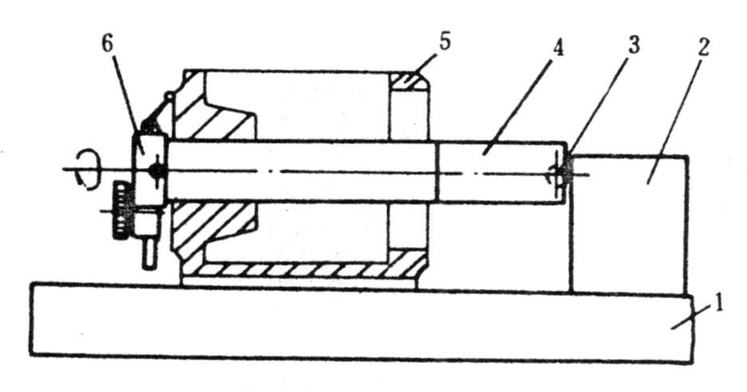

图 2-25 端面圆跳动误差测量

1—平板；2—方铁；3—钢球；4—标准心轴；
5—箱体；6—杠杆百分表

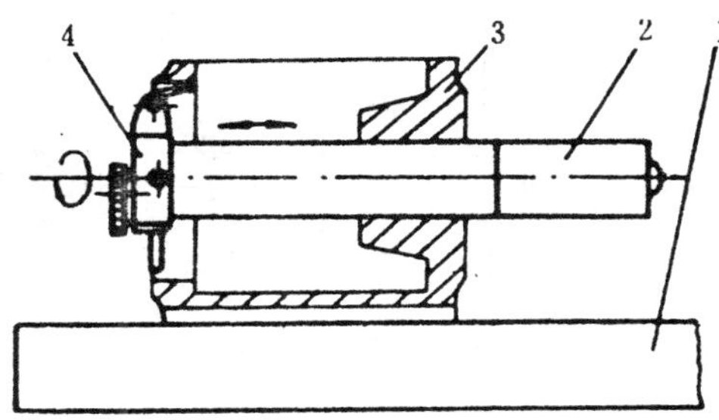

图 2-26 端面圆跳动误差测量

1—平板；2—标准心轴；3—箱体；4—杠杆百分表

度量规）调整百分表 4，使测量头、表座圆弧侧面与量规在同一素线上接触。再将表针预压半圈左右。转动表盘，使零刻度与表针对齐，此时读数取零。

2. 如图 2-27(b)所示，将调整好的表座圆弧侧面和百分表测量头同时靠向箱体的被测面。在表座圆弧侧面与箱体被测面保持接触的条件下，水平移动表座，取各次读数中绝对值最大者

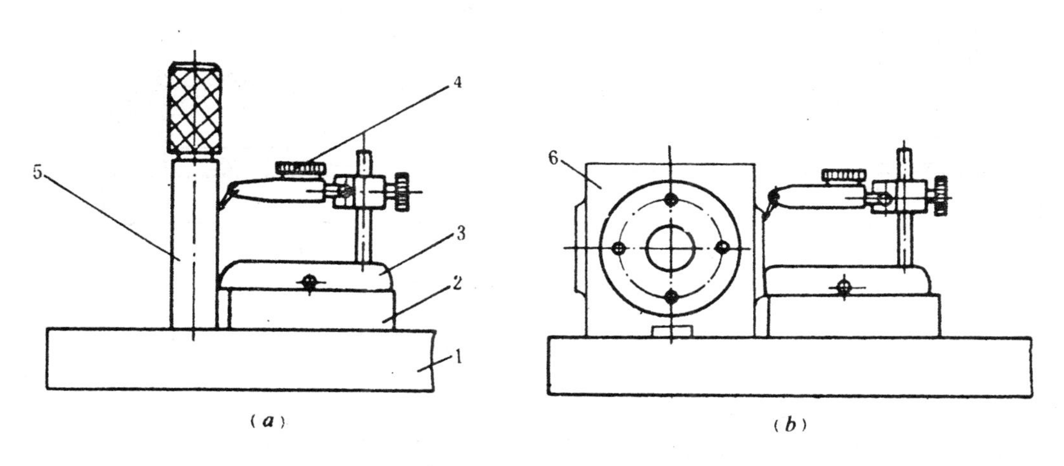

图 2-27 垂直度误差测量

1—平板；2—垫铁；3—表座；4—杠杆百分表；5—同轴度量规；6—箱体

作为垂直度误差 $f_{\perp}$。测量需在箱体的左、右两侧面分别进行，若 $f_{\perp} \leqslant 0.10$mm，则此项指标合格。

（五）按要求 ◎|Φ0Ⓜ|D—FⓂ 检验同轴度误差

如图 2-28 所示，若同轴度量规 2 能同时通过箱体 1 上两个 Φ30H7Ⓔ的孔，则两孔的同轴度误差符合设计要求。否则，此项指标将不合格。

同轴度量规按 GB8069—87 设计制造，其直径等于被测孔的实效尺寸 D_{VC}

$$D_{VC}=D_{\min}-t=30\text{mm}$$

（六）按要求 ⊕|Φ0.25Ⓜ|AⓂ 检验位置度误差

位置度量规如图 2-29 所示，将其中间塞规先插入基准孔 Φ30H6Ⓔ中，然后稍稍转动，将四个测销对准箱体上四个 Φ8 的被测孔。如果测销能同时插入四孔，则四孔所处的位置合格

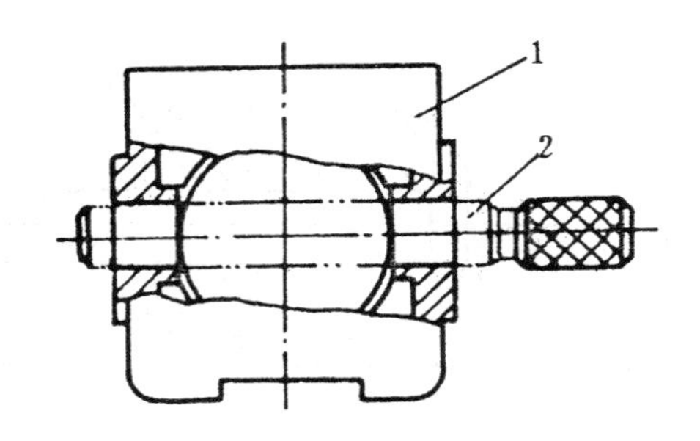

图 2-28　同轴度误差的检验

1—箱体；2—同轴度量规

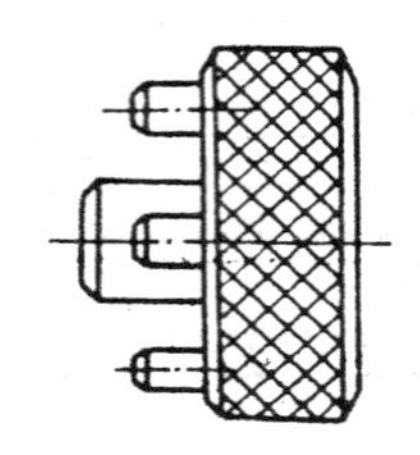

图 2-29　位置度量规

位置度量规按 GB8069—87 设计制造。四个测销直径等于被测孔的实效尺寸(8mm－0.25mm＝7.75mm)，中间塞规的直径等于基准孔的最大实体尺寸(Φ30mm)，各测销的位置尺寸与被测各孔位置的理论正确尺寸(Φ55mm)相同。

(七)按要求 |⌯|0.20|C| 测量对称度误差

1.如图 2-30 所示，将箱体 4 的左侧面置于平板 1 上。再将杠杆百分表 3 的换向手柄朝上

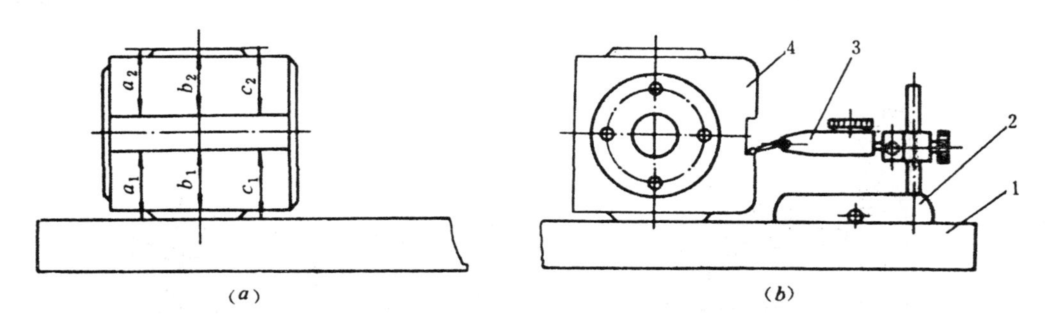

图 2-30　对称度误差测量

1—平板；2—表座；3—杠杆百分表；4—箱体

拨，调整百分表的位置，使表针预压半圈。

2.分别测量槽面上三处高度 a_1、b_1、c_1，记下读数 M_{a1}、M_{b1}、M_{c1}。将箱体右侧面置于平板上，保持百分表的原有高度，再分别测量另一槽面上三处高度 a_2、b_2、c_2，记下读数 M_{a2}、M_{b2}、M_{c2}，则各对应点的对称度误差为：

$$f_a = |M_{a1} - M_{a2}|$$

$$f_b = |M_{b1} - M_{b2}|$$

$$f_c = |M_{c1} - M_{c2}|$$

取其中的最大值作为槽面对两侧面的对称度误差 $f_{\equiv}$。若 $f_{\equiv} \leqslant 0.20$，则该项指标合格。

五、思考题

1.径向全跳动误差测量与同轴度误差测量有何异同？

2.测量端面圆跳动误差时，能否用标准心轴的台阶面作轴向定位？

实验三　表面粗糙度测量

表面粗糙度是一种微观几何形状误差，其常用的测量方法有粗糙度样板比较法、光切法、干涉法及针描法等。由于粗糙度样板比较法是用粗糙度样板和被测工件直接对照比较，凭经验估计粗糙度参数，故主要用于生产车间。本实验主要学习用双管显微镜(即光切法)，干涉显微镜(即干涉法)及电动轮廓仪(即针描法)测量工件表面粗糙度。

实验 3-1　用双管显微镜测量表面粗糙度

一、目的与要求

1. 学习用双管显微镜测量表面粗糙度的原理和方法；
2. 了解微观不平度十点高度 R_z 的实际含义。

二、测量原理

双管显微镜是利用光切法来测量表面粗糙度的，其原理如图 3-1 所示。由光源 1 发出的光经过聚光镜 2，穿过狭缝 3 形成带状光束。光束再经物镜 4 以 45°角射向工件 5，在凸凹不平的表面上呈现出曲折光带，再以 45°角反射，经物镜 6 到达分划板 7 上。从目镜里看到的曲折亮带，有两个边界，光带影像边界的曲折程度表示影像的峰谷高度 h'。h' 与表面凸起的实际高度 h 之间的关系为

$$h'=\frac{hM}{\cos45°}=\sqrt{2}\,hM \tag{3-1}$$

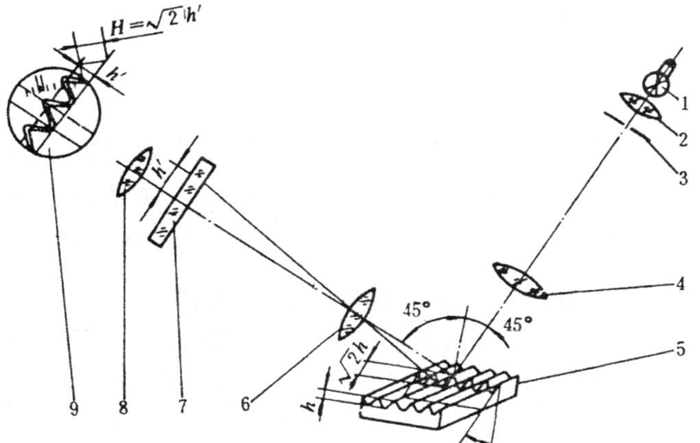

图 3-1　双管显微镜工作原理图

式中，M——物镜 6 的放大倍数。

在目镜视场里，高度h′是沿45°方向测量的，若在目镜测微器7(见图3-2)上的读数值为

H,则 h' 与 H 之间的关系为

$$h' = H\cos 45° \tag{3-2}$$

将式(3-2)代入式(3-1),得

$$h = \frac{H\cos 45°}{\sqrt{2}M} = \frac{H}{2M}$$

令 $\frac{1}{2M} = E$,则 $h = E \cdot H$。系数 E 作为目镜测微器装在光切显微镜上使用时的分度值。E 值与物镜的放大倍数 M 有关,一般它已由仪器说明书给定,可以用标准刻线尺校对。

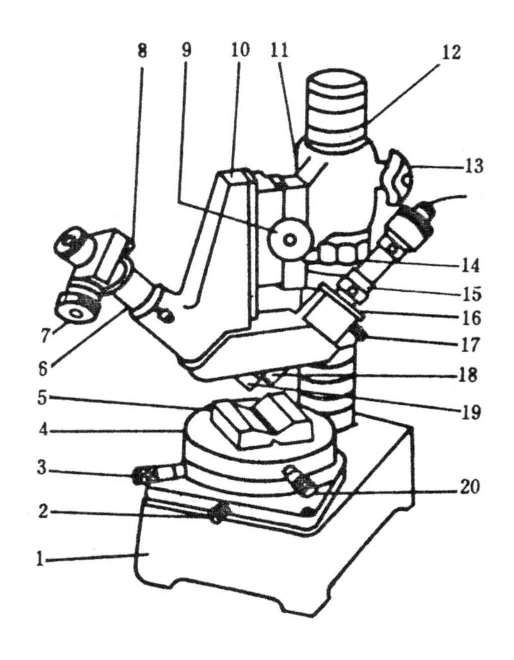

图 3-2 双管显微镜

1—底座;2—工作台紧固螺丝;3、20—工作台纵、横百分尺;4—工作台;5—V 形块;6—观察管;7—目镜测微计;8—紧固螺钉;9—物镜工作距离调节手轮;10—镜管支架;11—支臂;12—立柱;13—支臂锁紧手柄;14—支臂升、降螺母;15—照明管;16—物镜焦距调节环;17—光线投射位置调节螺钉;18、19—可换物镜

三、测量仪器

双管显微镜主要由照明管 15 和观察管 6 组成,其外形结构如图 3-2 所示。它的两只可换物镜 18 和 19 的位置可以通过升降螺母 14 及调节手轮 9 调整,物镜 18 和 19 之间的相对位置用调节环 16 及调节螺钉 17 控制。在观察管的上方装有目镜测微器 7,也可装照相机。

表 3-1 双管显微镜的主要技术数据

可换物镜放大倍数	仪器的总放大倍数	系数 E (μm·格$^{-1}$)	目镜视场直径/mm	可测范围		可用下列加工方法获得
				R_z/μm	相当于旧国标	
×7	×60	1.28	2.5	10～80	▽3～▽5	粗车、粗铣、粗磨
×14	×120	0.63	1.3	3.2～10	▽5～▽7	光车、光铣、精镗
×30	×260	0.29	0.6	1.6～6.3	▽7～▽8	精车、细磨、精镗
×60	×520	0.16	0.3	0.8～3.2	▽8～▽9	精磨、珩磨等

四、测量步骤

1. 按图纸要求或被测工件粗糙度的估计数值，确定取样长度 L。按表 3-1 选择适当放大倍数的物镜并装在仪器上。

2. 将被测工件置于工作台上。

3. 通过变压器接通电源。

4. 调整仪器（参见图 3-2），其步骤如下：

1）松开锁紧手柄 13，转动支臂 11 及螺母 14，使镜头对准被测表面上方，然后锁紧螺母 13；

2）调节手轮 9，上下移动支架 10，使目镜视场中出现切削痕纹；

3）转动螺钉 17 让照明光管摆动，使光带与切削痕纹重合；

4）旋转调节环 16，上下微动照明光管，使其物镜聚焦于工件表面；

5）转动工作台（或支臂），使加工痕纹与投射在工件表面上的光带垂直，然后交错调整手轮 9、调节环 16 与螺钉 17，直到获得具有最大弯曲的清晰光带为止；

6）松开螺钉 8，转动目镜，使目镜中的十字线的水平线与光带大致平行。

5. 转动目镜测微计，在取样长度 L 范围内，使十字线的水平线分别与五个峰顶和五个谷底相切（见图 3-3）。

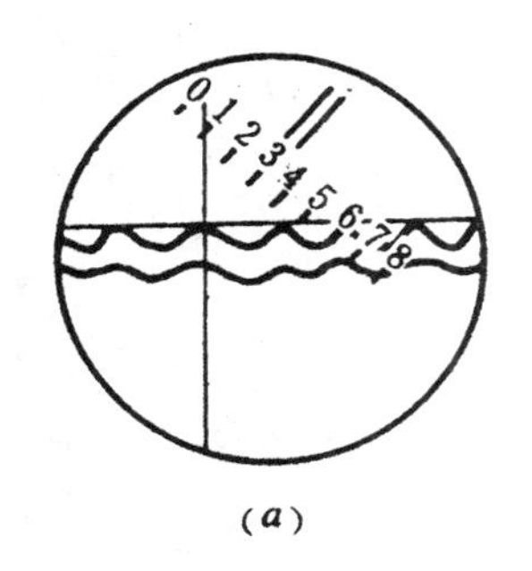

(a)

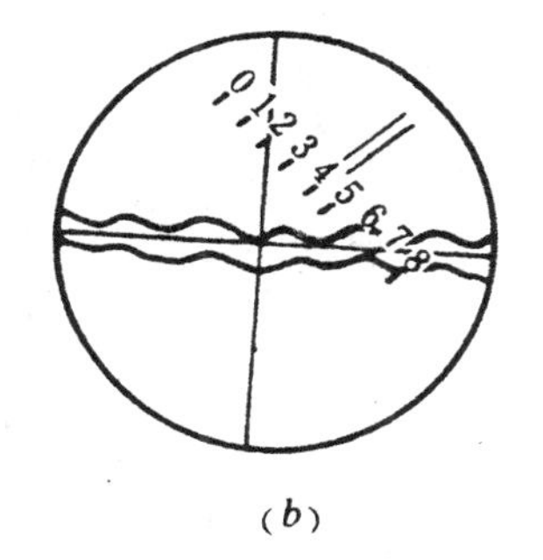

(b)

图 3-3　目镜视场的图像

(a)—瞄峰顶；　(b)—瞄谷底

从目镜测微计上分别读取各峰、谷的读数 $h_1, h_2, \cdots, h_{10}$，按下式算出微观不平度十点高度 R_z，即

$$R_z = E\,\frac{(h_1+h_3+h_5+h_7+h_9)-(h_2+h_4+h_6+h_8+h_{10})}{5}$$

式中，h_i 的单位为格数。

6. 由于零件各部分的粗糙度不一定均匀一致，为了充分反映表面粗糙度的特性，必须在一定长度范围内的不同部位进行测量并取其平均值。

7. 按表面粗糙度国家标准，确定工件表面粗糙度是否符合要求。

五、注意事项

1. 小心调整仪器，防止镜头表面接触工件（使用 60 倍、30 倍时更应注意）。最好先使镜头下降到最低位置（比工件表面略高），然后自下而上调整并进行观察。

2. 测量圆柱体工件时，应使光带落在最高素线上，才能获得清晰的条纹。

3. 切勿使镜头表面沾上油污，否则图像将模糊不清。

六、思考题

1. 什么是 R_z 参数和 R_a 参数？用光切显微镜能否测量 R_a 参数？

2. 为什么光带的上、下边缘不能同时达到最清晰的程度？测量峰、谷时能否分别按光带的上、下边缘对线？

实验 3-2　用干涉显微镜测量表面粗糙度

一、目的与要求

1. 学习用干涉显微镜测量表面粗糙度的原理和方法；

2. 加深理解微观不平度十点高度 R_z 的实际含义。

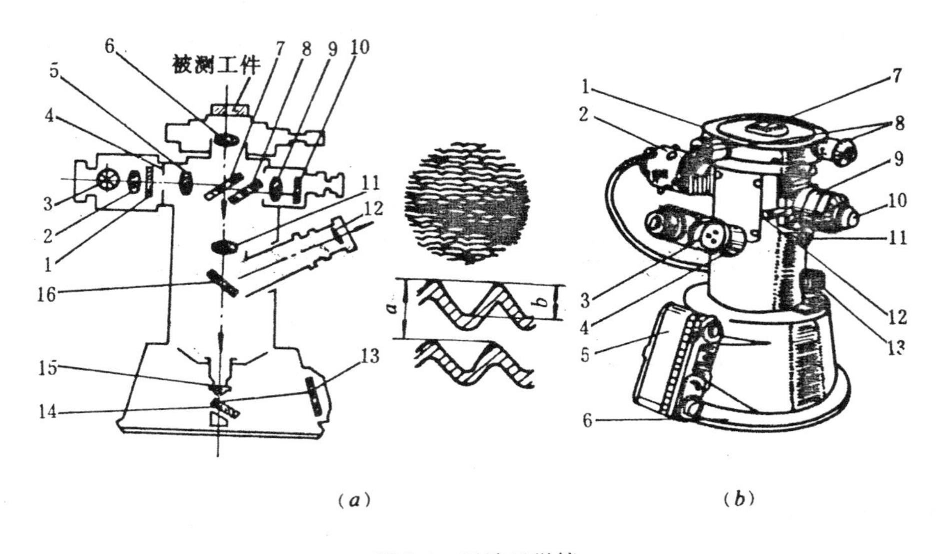

图 3-4　干涉显微镜

(a)—光学系统；　(b)—仪器外形

(b)图中：1—工作台；2—光源；3—目镜测微计；4—光管；5—照相设备；6—底座；7—被测工件；8—工作台移动百分尺；9—干涉带方向调节圈；10—参考平面镜调节螺钉；11—干涉带宽窄调节螺钉；12—遮光板调节手柄；13—调焦百分尺；

二、测量原理

干涉显微镜是运用干涉原理和显微系统专门检验表面粗糙度的一种仪器。当被测表面非常平整时，在干涉显微镜视场中，将见到平直规则的明暗相间的干涉条纹，若表面有微观不平度存在，则视场中将呈现出不规则的干涉带图像。根据图像，可计算出微观不平度十点高度 R_z。

干涉显微镜的光学系统如图 3-4(a)所示。由光源 3 发出的光线经过光栅 4、物镜 5 后，形成平行光束，投射到分光镜 7 上。分光镜将光束分成两部分，一部分反射，一部分透射。从分光镜反射的光线经过物镜 6 投射到被测工件表面，然后经被测表面反射，重新经过物镜 6、分光镜 7、聚于物镜焦平面上。从分光镜透射的光线经补偿镜 8、物镜 9 至参考镜 10，由参考镜反射后，重新通过物镜 9、补偿镜 8、射向分光镜 7。当两部分返回的光线具有光程差时，即发生干涉，形成明显的干涉条纹。

三、测量仪器

干涉显微镜外形如图 3-4(b)所示。它由底座、光学系统及工作台等部分组成。其测量范围为 0.025～0.8μm。

四、测量步骤

1. 将工件放在工作台上，被测表面向下对准物镜。
2. 通过变压器接通电源。
3. 寻找干涉带，其步骤如下：

1)旋转遮光调节手柄 12〔图 3-4(b)〕，箭头向上，遮住光线；

2)转动调焦百分尺 13，直到能从目镜中看到清晰的加工痕纹为止；

3)转动遮光调节手柄 12 至水平位置，视场中即出现干涉条纹。

4. 调整干涉带方向及间距宽度。其步骤是：转动工作台 1，使干涉带条纹与被测表面加工痕纹相垂直；然后分别使干涉带方向调节圈 9 及干涉带宽窄调节螺钉 11 绕自身轴线转动以调整干涉带方向及间距宽度。
5. 完成以上工作后，就可进行测量。在测量时，使目镜中十字线的水平线平行于干涉条纹的方向，移动水平线使在取样长度范围内分别与同一干涉条纹的 5 个最高峰及 5 个最低谷相切，得到 10 个读数，算出干涉条纹波峰与波谷之差的平均值$\frac{\sum h_{峰}-\sum h_{谷}}{5}$。

为了提高测量精度，对相邻两干涉带之间的距离共测三次，算出 a 的平均值，再按下式计算 R_z 值，即

$$R_z=\frac{\sum h_{峰}-\sum h_{谷}}{5}\times\frac{1}{a_{平均}}\times\frac{\lambda}{2}$$

式中，λ——光波波长。白光波长为 0.57μm，绿光波长为 0.55μm。

为了避免多次测量和较烦的计算，实际工作中，常在测出干涉带的弯曲量 b 和两相邻干涉带的距离 a 后，按下式计算 R_z，

$$R_z=\frac{b}{a}\cdot\frac{\lambda}{2}$$

6. 查表确定被测表面粗糙度是否符合要求。

五、注意事项

1. 实验时不要随意调动参考平面镜位置调节螺钉 10。
2. 测量圆柱体工件时，应将最高素线对准物镜上方，才能得到清晰的干涉条纹。
3. 调整物镜焦距时，要防止物镜与工件表面接触和碰撞。

六、思考题

1. 为什么干涉显微镜的目镜测微计不需要确定分度值?
2. 干涉显微镜与双管显微镜的测量范围有何不同?

实验 3-3　用电感式轮廓仪测量表面粗糙度

一、目的与要求

1. 了解用电感式轮廓仪测量表面粗糙度的原理;
2. 掌握用电感式轮廓仪测量表面粗糙度的方法;
3. 理解轮廓算术平均偏差 R_a 的实际含义。

二、测量原理

电感式轮廓仪的工作原理如图 3-5 所示。当传感器的触针沿工件表面匀速滑行时,工件表面的微观不平度使针尖上下移动。传感器把触针的运动转变成电信号,经过一定的电子线路,就可以接入记录器画出工件表面轮廓的放大图,或由平均表直接读出表面粗糙度 R_a 参数的数值

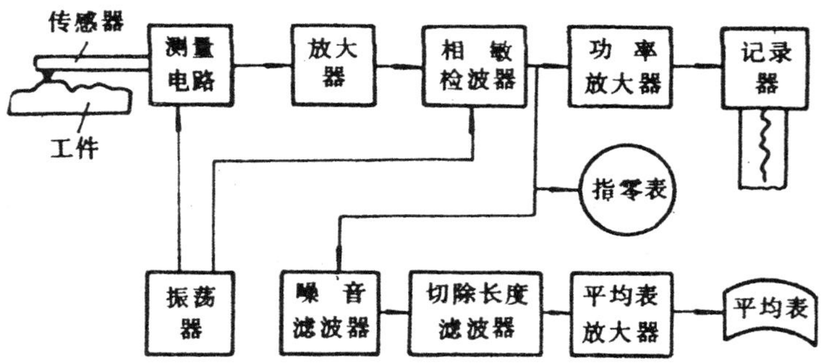

图 3-5　电感式轮廓仪工作原理图

三、测量仪器

图 3-6 所示的为 BCJ—2 型电感式轮廓仪。仪器主要由记录器 20、底座 1、传感器 3、驱动箱 9、立柱 6 以及电器箱 11 等组成。此电感式轮廓仪可测量平面、外圆柱面和内圆柱面(内径大于 6mm)的表面粗糙度。从平均表上可直接读得的 R_a 值的指示范围为 0.01～10μm;记录器可画的轮廓高度不能超过 100μm。

仪器附有多刻线标准样板,供校验平均表的示值用。而单刻线标准样板是供校验记录器的放大倍数用的。

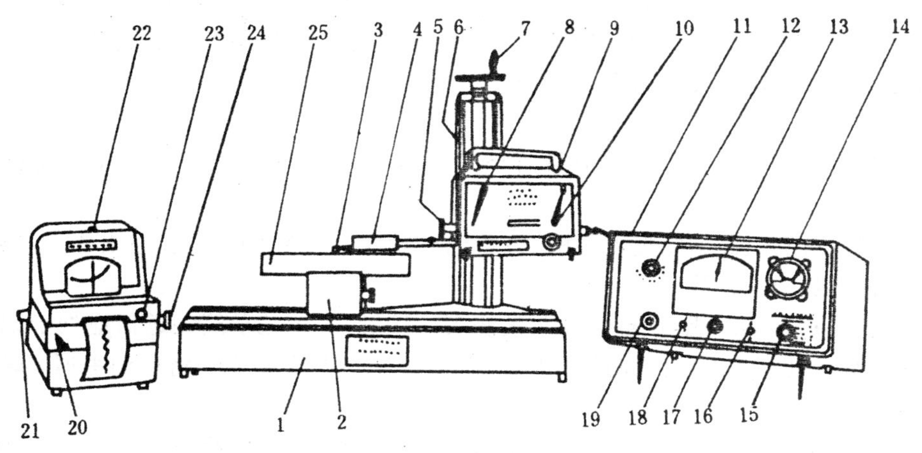

图 3-6 电感式轮廓仪外形

1—底座；2—V 形块；3—触针；4—传感器；5—锁紧螺钉；6—立柱；7—升降手轮；8—启动手柄；9—驱动箱；10—变速手柄；11—电器箱；12—测量范围旋钮；13—平均表；14—指零表；15—切除长度旋钮；16—电源开关；17—指示灯；18—测量方式开关；19—调零旋钮；20—记录器开关；21—线纹调整旋钮；22—制动栓；23—锁盖手柄；24—记录器变速手轮；25—被测工件

四、测量步骤

1. 测量前的工作(参见图 3-6)

松开锁紧螺钉 5，然后将传感器 4 插入驱动箱并锁紧，连接好仪器全部插件，接通电源。

2. 选择测量方式(读表或记录)

1)读表

(1)将电器箱 11 上的测量方式开关 18 拨向“读表”的位置。将变速手柄 10 转至位置“Ⅰ”，打开电源开关 16，指示灯 17 亮。

(2)粗略估计工件的粗糙度范围，分别转动旋钮 12 和 15，选择适当放大比和切除长度(表 3-2)。将起动手柄 8 轻轻转向左边。

表 3-2 轮廓仪的放大比及取样长度选择表

被测表面粗糙度 R_a/μm	用指示表读数时			用记录器时垂直放大倍数
	垂直放大倍数	取样长度 mm	有效行程长度/mm	
6.3 3.2	×500 ×500～×1000	2.5	7	×500～×1000
1.60 0.80 0.40	×1000～×2000 ×2000～×5000 ×5000～×10000	0.8	4	×500～×2000 ×2000～×5000 ×2000～×10000
0.20 0.100 0.050 0.025	×10000～×20000 ×20000～×50000 ×50000 ×100000	0.25	2	×5000～×20000 ×10000～×50000 ×10000～×50000 ×20000～×100000

(3)用手轮 7 移动驱动箱，使传感器触针 3 与工件表面接触且指零表 14 的指针处于两条红带之间。

(4)将启动手柄 8 轻轻转向右边，驱动箱即拖动传感器 4 相对于被测表面移动，与此同时平均表 13 的指针开始转动，最后停在某一位置，此处读数即为所测的 R_a 数值。

(5)将启动手柄 8 轻轻转回左边，准备下一次测量。

2)记录

(1)将测量方式开关 18 拨至"记录"位置，变速手柄 10 置于位置" I "，行程长度选用 40mm。

(2)粗略估计被测表面的粗糙度范围，调整记录器变速手轮 24。选择适当的水平放大比，用旋钮 12 选择适当的垂直放大比。

(3)用手轮 7 移动驱动箱，使触针 3 与被测表面接触，直至记录笔尖近似地处于记录纸中间位置。用调零旋钮 19 将记录笔调到理想位置，打开记录器开关 20。将启动手柄 8 轻轻转向右边，即开始测量。

(4)需要停止记录时，可脱开记录器开关 20。若测量中需要传感器停止工作，将启动手柄 8 拨向左边即可。

3. 记录图形的数学处理(图 3-7)

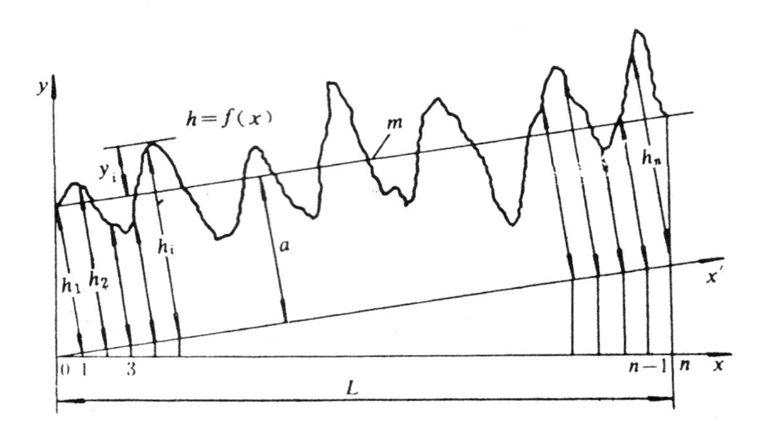

图 3-7 用目估法求轮廓中线

1)在取样长度 L 范围内，用目估法作出一条与轮廓中线方向平行的直线，定为 $0x'$ 轴。

2)将 $0x$ 轴等分若干段(一般在一个峰谷间至少包含 5 个以上的点)，量取从 $0x'$ 轴至轮廓曲线的垂直距离，记为 h_1，取 h_i 的平均值 a 为中线坐标，

$$a=\frac{1}{n}(h_1+h_2+\cdots+h_n)=\frac{\sum_{i=1}^{n}h_i}{n}(\text{mm})$$

式中，n——分段数。

轮廓上各点至中线的距离

$$y_i=h_i-a(\text{mm})$$

3)计算 R_a 值，

$$R_a=\frac{1000\times\sum_{i=1}^{n}|y_i|}{Mn}(\mu\text{m})$$

式中，M——轮廓图的垂直放大比。

五、注意事项

触针与工件表面接触后，指零表指针不应超出红带范围。

六、思考题

1. 试比较双管显微镜、干涉显微镜和电动轮廓仪测量表面粗糙度的优缺点。
2. 用针描法测得实际轮廓的真实性与触针尖端半径、几何形状、测量力等有何联系？
3. 表面粗糙度的评定参数有哪些？

实验四　角度与锥度测量

角度和锥度的测量方法分为直接量法和间接量法两种。直接测量是从量具(如游标量角器)或量仪(如测角仪、光学分度头、光学象限仪和工具显微镜等)的刻度盘上直接读出被测角度,或者与标准角度(如角度量块、角尺、样板、锥度量规等)进行比较,获得被测角度与标准角度的偏差值。间接测量则是通过测量一个或几个相关的线性尺寸,然后按照一定的数学关系计算出被测的角度或锥度值。

实验 4-1　用正弦尺测量锥度

一、目的与要求

1. 掌握用正弦尺测量外圆锥体锥度的原理与方法;

2. 了解测量结果的误差分析方法。

二、测量原理

用正弦尺测量锥度,其实质是根据正弦尺的两圆柱中心长度 L,利用正弦公式计算出量块组高度,然后由平板、正弦尺及量块组构成一标准角度,将被测实际角度与标准角度进行比较,从而确定锥度偏差和锥角偏差。测量原理如图 4-1 所示。

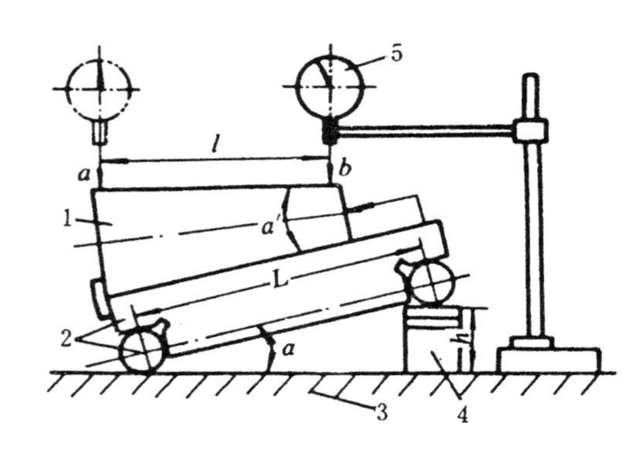

图 4-1　用正弦尺测量锥度

1—圆锥体;2—正弦尺;3—平板;4—量块组;5—指示表

三、测量器具

测量器具有正弦尺、量块、平板、钢尺、指示表及表架。

正弦尺有窄型和宽型两种,其结构分别如图 4-2 和 4-3 所示。它们都由主体和两只直径相等的圆柱组成。在宽型正弦尺的工作面上有一系列通孔和螺孔,用以装夹工件。两圆柱轴心线之间的距离 L 有 100mm 和 200mm 两种规格,用以安放不同长度的工件。

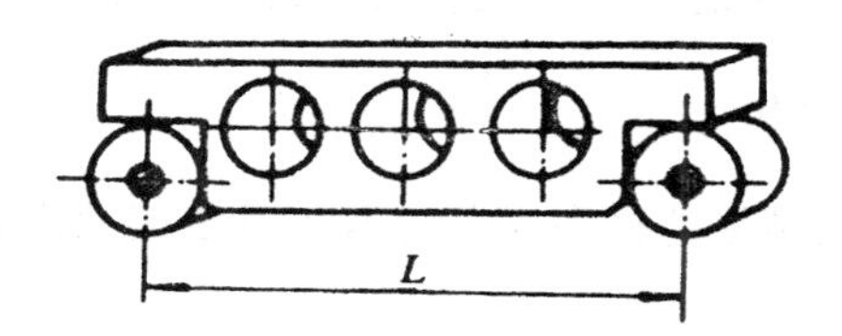

图 4-2　窄型正弦尺

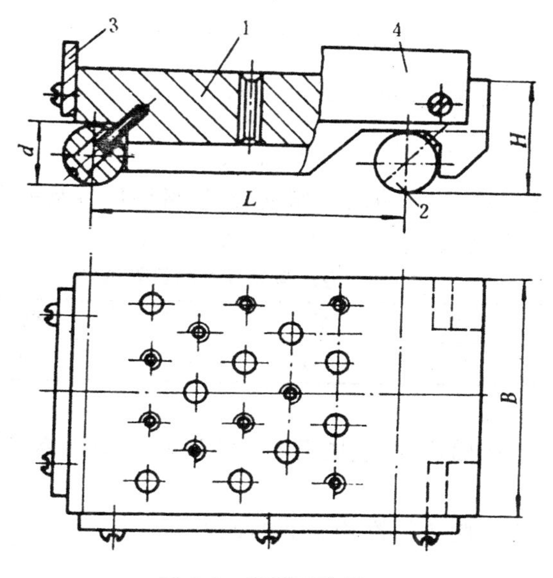

图 4-3　宽型正弦尺

1—主体；2—圆柱；3—前挡板；4—侧挡板

四、测量步骤

1. 计算量块组尺寸。根据被测圆锥体的基本圆锥角 α 或基本锥度 c 和所用正弦尺的两圆柱中心距 L，按下式计算量块组高度 h。

$$h=L\sin\alpha$$

或

$$h=\frac{4Lc}{c^2+4}$$

按附录一所述的方法选出量块的尺寸，粘合成量块组。

2. 如图 4-1 所示，将被测圆锥体安放在正弦尺工作面上。

3. 测量锥角偏差。用指示表分别测量圆锥体最高素线上 a、b 两点对平板工作面的高度差。当被测圆锥体的圆锥角刚好等于正弦尺与量块组构成的标准角度 α 时，a、b 两点的读数 M_a 与 M_b 应相等；如果 M_a 大于 M_b，则实际圆锥角大于 α；反之，则实际圆锥角小于 α。a、b 两点间的距离 l 可用钢尺测量。被测圆锥体的锥度偏差 Δc 为：

$$\Delta c=\frac{M_a-M_b}{l}$$

被测圆锥体的锥角偏差为：

$$\Delta\alpha=\Delta c\times 2\times 10^{5}('')$$

利用正弦尺也可以测量内锥的锥度偏差和锥角偏差，但此时零件必须锁紧在正弦尺上。

五、测量结果的误差分析

用正弦尺测量锥度，测量结果的极限误差与有关参数的精度、测量方法以及测量器具密切相关。

由于

$$\sin\alpha=\frac{h}{L}$$

对其微分得

$$d\alpha=\frac{1}{L\cos\alpha}dh-\frac{\mathrm{tg}\alpha}{L}dL$$

1. 由量块组尺寸 h 不准确引起的误差 $\Delta\alpha_1$ 为：

$$\Delta\alpha_1=\frac{1}{L\cos\alpha}\Delta h$$

式中，Δh——量块组尺寸误差，它与量块的精度等级、量块数目及每块量块的尺寸有关。当量块尺寸在 10mm 以下时，各级量块长度的极限偏差如表 4-1 所列。

表 4-1　各级量块长度的极限偏差

量块分级	00 级	0 级	1 级	2 级	3 级	校准级 K
长度极限偏差/μm	±0.06	±0.12	±0.20	±0.45	±1.0	±0.20

考虑到量块误差组合的随机性，量块组的尺寸误差 Δh 取为各块量块极限误差的平方和的平方根。

2. 由正弦尺两圆柱中心距 L 不准确引起的误差 $\Delta\alpha_2$ 为：

$$\Delta\alpha_2=\frac{\mathrm{tg}\alpha}{L}\Delta L$$

式中，ΔL——正弦尺两圆柱中心距的极限偏差，其值列于表 4-2。

表 4-2　正弦尺两圆柱中心距的极限偏差

正弦尺规格	窄型正弦尺		宽型正弦尺	
	L=100mm	L=200mm	L=100mm	L=200mm
两圆柱中心距极限偏差/μm	±2	±3	±3	±5

3. 由于正弦尺两圆柱公切面与工作面不平行引起的误差 $\Delta\alpha_3$ 为：

$$\Delta\alpha_3=\frac{\Delta A}{L}$$

式中，ΔA——正弦尺两圆柱公切面与工作面的平行度误差，当 L=100mm 时，ΔA 为 2μm；当 L=200mm 时，ΔA 为 3μm。

4. 由于指示表示值不准确引起的误差 $\Delta\alpha_4$ 为：

$$\Delta\alpha_4=\pm\frac{1}{l}\sqrt{\Delta^2+\Delta^2}=\pm\sqrt{2}\frac{\Delta}{l}$$

式中，Δ——指示表的示值变化，则两次读数所造成的误差为$\pm\sqrt{\Delta^2+\Delta^2}$。

5. 测量的极限误差为：

$$\Delta\alpha_{\lim}=\pm\sqrt{\Delta\alpha_1^2+\Delta\alpha_2^2+\Delta\alpha_3^2+\Delta\alpha_4^2}$$

6. 最后测得的结果为：

$$\Delta\alpha=\Delta c\times2\times10^5\pm\Delta\alpha_{\lim}\times2\times10^5('')$$

六、思考题

1. 用正弦尺测量锥度时，为什么可用精度很低的钢尺来测量 a、b 两点间的距离？
2. 用正弦尺测量角度，被测角度的大小对测量结果的精度是否会有影响？

实验五 圆柱螺纹测量

螺纹的测量方法可分为综合测量和单项测量两类。所谓综合测量即用螺纹量规检验螺纹，从而确定其是否合格。对于比较精密的螺纹（如螺纹量规），为了进行工艺分析和使它能满足使用要求，一般采用单项测量，即分别测量中径、螺距及牙型半角等。本实验主要学习螺纹的单项测量方法。

实验 5-1 用工具显微镜测量螺纹

一、目的与要求

1. 了解工具显微镜的工作原理和操作方法；
2. 学会用大型工具显微镜测量外螺纹的牙侧角、螺距和中径；
3. 熟悉计算螺距的累积误差和螺纹的作用中径。

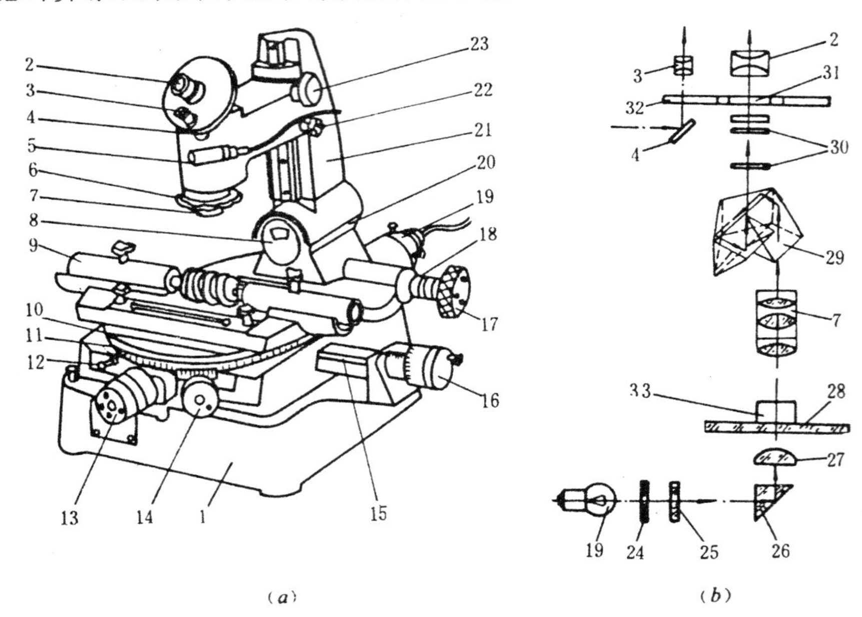

图 5-1 大型工具显微镜

(a)—仪器外形； (b)—光学系统

1—底座；2—目镜；3—角度目镜；4—反射镜；5—横臂；6—螺母；7—物镜；8—光阑调整环；9—顶针；10—工作台；11—圆刻度盘；12、22—螺钉；13、16—百分尺；14、17—滚花轮；15—量块；18—标尺；19—光源；20—支座；21—立柱；23—手轮；24—光栏；25—滤光片；26—转向棱镜；27—聚光器；28—玻璃工作台；29—棱镜；30—保护玻璃；31—米字线分划板；32—度盘；33—工件

二、测量原理

用工具显微镜测量螺纹的方法有影像法，轴切法，干涉带法等。用影像法测量螺纹，其原理是用目镜2(见图5-1)中的分划板米字线的虚线瞄准螺纹牙廓的影像(图5-2)，然后再用工具显微镜中的角度目镜3或百分尺16来测量螺纹。测量牙侧与螺纹轴线的垂直线之间的夹角得牙型半角$\alpha/2$；沿平行于螺纹轴线方向，测量相邻两同名牙侧之间的距离得螺距P；沿螺纹轴线的垂直方向测量轴线上、下两牙侧之间的距离得螺纹中径d_2。

三、测量仪器

大型工具显微镜是一种光学机械量仪，适用于直线尺寸及角度的测量。利用纵、横向百分尺组成直角坐标系统，可测量螺纹、样板及内、外直径等。利用工作台的回转与某一百分尺构成极坐标系统，可测量凸轮等零件。仪器的分度值为0.01mm，纵向测量范围为150mm，横向测量范围为50mm。物镜放大倍数有×1、×1.5、×3、×5，目镜放大倍数为×10。仪器的外形及光学系统如图5-1所示。

表5-1　螺纹中径或圆柱形工件直径与光圈直径的关系

螺纹中径或圆柱形工件直径/mm	光圈直径			
	螺纹角30°	螺纹角55°	螺纹角60°	圆柱体
0.5	20.9	25.4	26.0	32.8
1	16.6	20.1	20.7	26.0
2	13.2	16.0	16.4	20.7
3	11.5	14.0	14.3	18.1
4	10.5	12.7	13.0	16.4
5	9.7	11.8	12.1	15.2
6	9.1	11.1	11.4	14.3
8	8.3	10.1	10.3	13.0
10	5.7	9.3	9.6	12.1
12	7.3	8.8	9.0	11.4
14	6.9	8.4	8.6	10.8
16	6.6	7.9	8.2	10.3
18	6.3	7.7	7.9	9.9
20	6.1	7.4	7.6	9.6
25	5.7	6.9	7.1	8.9
30	5.3	6.5	6.7	8.4
40	4.9	5.9	6.0	7.6
50	4.5	5.5	5.6	7.1
60	4.2	5.1	5.3	6.7
80	3.9	4.7	4.8	6.0
100	3.6	4.3	4.5	5.6
200	2.8	3.4	3.5	4.5

四、测量步骤

1. 电源

通过变压器接通电源。

2. 调整仪器

1)调整灯丝

调整照明装置上的两个螺钉(图中未示出),观察放在工作台上的灯丝调节器,使灯丝像清晰且位于中央;

2)调整焦距

将调焦棒装在仪器顶尖上,用手轮 23 使横臂升降,直至调焦棒内的刀口清晰地成像在目镜视场上,然后取下调焦棒;

3)选择光圈

根据被测零件的形状和尺寸,按表 5-1 所列的选择光圈的最佳直径;

4)立柱倾斜的调整

由于投射到显微镜中的轮廓不是螺纹轴向截面的轮廓,因此,这样测量中径 d_2 及半角 $\frac{\alpha}{2}$ 时,就会引起误差。故测量时,应转动立柱倾斜手轮 17,使立柱倾斜一个螺旋升角 φ(立柱的回转轴线与顶尖轴线在同一水平面内)。

$$\mathrm{tg}\varphi=\frac{P}{\pi d_2}$$

或

$$\mathrm{tg}\varphi=18.25\frac{P}{d_2}(^\circ)$$

式中, P——螺距。

3. 测量螺距〔图 5-2(*a*)〕

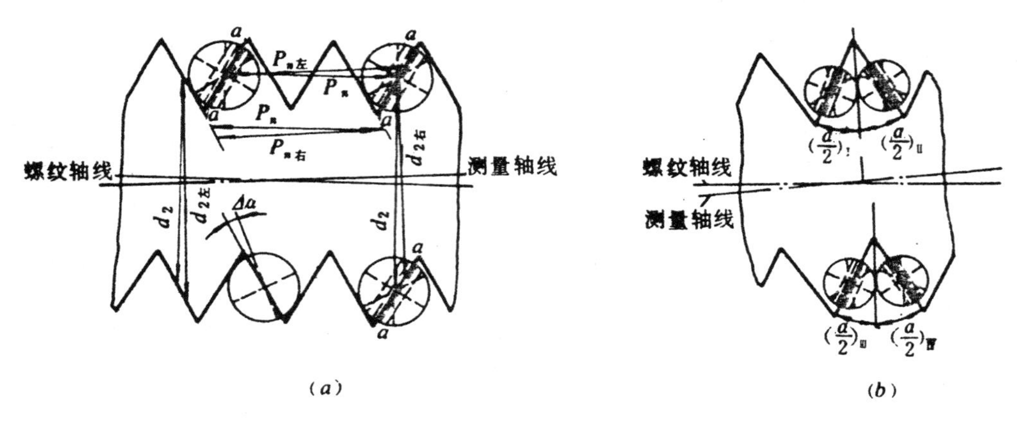

图 5-2 影像法测量螺纹

将带有中心孔的螺纹装在顶针上,若无中心孔,则可装在 V 型架上。使显微镜目镜 2 中的米字线的虚线(*a*—*a*)转到与螺纹影像的牙形方向一致,并且使虚线的一半压在影像牙形之内,另一半压在牙形之外,从纵向百分尺上读数,记下第一次读数,然后转动纵向百分尺移动工件,用同样的方法,使虚线与影像的相邻同侧牙形对准,记下第二次读数,两次读数之差即为螺距的实际值。螺距误差

$$\Delta P = P_{实测} - P_{理论}$$

为了消除螺纹安装误差的影响，应在螺牙轮廓的左、右两侧各测一次，并取两者的算术平均值作为测量结果，即

$$P_{实测} = \frac{P_{左} + P_{右}}{2}$$

n 个螺距的累积误差

$$\Delta P_{\Sigma实测} = P_{\Sigma实测} - n \cdot P$$

若顺序测量出螺纹的每一个螺距误差值并将其累积后取最大正、负误差的绝对值之和，则可求得螺距的最大累积误差（$\Delta P_{\Sigma\max}$）。

4. 测量中径

测量中径时的压线方法与测量螺距时的相同，不同的是，在测量中径时，需在螺纹轴线的垂直方向的牙侧进行〔图 5-2(a)〕，在测完一处牙侧记下横向百分尺读数之后，需将立柱反向旋转一螺旋升角，然后再横向移动工件，使虚线 a—a 与对边的牙侧对准后，从横向百分尺上读数，两次读数差即为中径的实际值。同理，为了消除安装误差，应分别测出 $d_{2左}$ 与 $d_{2右}$，取平均值作为测量结果，即

$$d_{2实测} = \frac{d_{2左} + d_{2右}}{2}$$

5. 测量牙型半角

用显微镜测量牙型角度采用的是对线法。测量时，转动测角目镜下面的滚花轮，使米字线虚线 a—a 与螺纹影像牙边平行并保持均匀的缝隙，从角度目镜 3 中读出半角的实际值。同样，为消除安装误差，应在如图 5-2(b)所示的四个位置测量，并按下式计算：

$$\left(\frac{\alpha}{2}\right)_{左} = \frac{\left(\frac{\alpha}{2}\right)_{\mathrm{I}} + \left(\frac{\alpha}{2}\right)_{\mathrm{IV}}}{2}$$

$$\left(\frac{\alpha}{2}\right)_{右} = \frac{\left(\frac{\alpha}{2}\right)_{\mathrm{II}} + \left(\frac{\alpha}{2}\right)_{\mathrm{III}}}{2}$$

$$\Delta\left(\frac{\alpha}{2}\right)_{左} = \left(\frac{\alpha}{2}\right)_{左} - \left(\frac{\alpha}{2}\right)$$

$$\Delta\left(\frac{\alpha}{2}\right)_{右} = \left(\frac{\alpha}{2}\right)_{右} - \left(\frac{\alpha}{2}\right)$$

近似地，

$$\Delta\left(\frac{\alpha}{2}\right)_{左} = \frac{\left|\left(\frac{\alpha}{2}\right)_{左}\right| + \left|\Delta\left(\frac{\alpha}{2}\right)_{右}\right|}{2}$$

五、注意事项

1. 小心安装工件，防止跌落损坏玻璃工作台；
2. 严禁用手触摸光学镜头表面；
3. 注意百分尺的读数范围，不可将百分尺自螺母中旋出。

六、思考题

1. 为什么用影像法测量螺纹时，要将立柱倾斜一螺旋升角？
2. 为什么测量螺纹的牙型半角、螺距和中径时，其测量结果要取测得数的平均值？

实验 5-2　用三针法测量螺纹中径

一、目的与要求

1. 了解三针法测量外螺纹中径的原理；

2. 学会使用卧式测长仪。

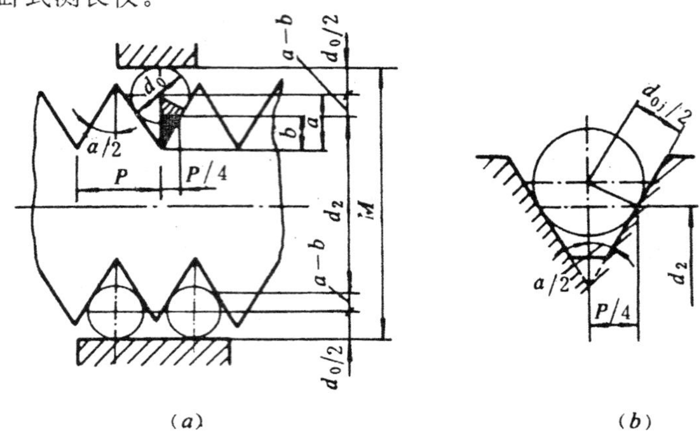

图 5-3　三针法测量

(a)—用三针法测量螺纹中径；(b)—最佳三针直径的计算

二、测量原理

用三针法测量螺纹中径属于间接测量，其工作原理如图 5-3(a)所示。测量时，将三根高精度的圆柱体（量针）分别放入螺纹的牙槽中，用测长仪测出 M 值，根据所测得的 M 值、被测螺纹的螺距 P、牙型半角 α/2 以及所用量针的直径 d_0，可以计算出螺纹中径 d_2。因几何关系为：

$$M=d_2+2(a-b)+d_0$$

$$a=\frac{d_0}{2\sin\dfrac{\alpha}{2}}$$

及

$$b=\frac{P}{4}\text{ctg}\ \frac{\alpha}{2}$$

所以

$$d_2=M-d_0\left[1+\frac{1}{\sin(\alpha/2)}\right]+\frac{P}{2}\text{ctg}\ \frac{\alpha}{2}$$

式中，d_2——螺纹实际中径；M——测得值；d_0——量针直径；P——螺距；$\frac{\alpha}{2}$——牙型半角。

对于公制螺纹，$\frac{\alpha}{2}=30°$，则

$$d_2=M-3d_0+0.866P(\text{mm}) \tag{5-1}$$

为了消除半角误差的影响，测量时，应选择最佳直径的量针，使之与螺牙的接触点在中径线上。此时所用的量针直径称为最佳直径，由图 5-3(b)可知，量针的最佳直径可按下式计算，

$$d_{0j}=\frac{P}{2\cos\dfrac{\alpha}{2}}$$

对于公制螺纹，$\frac{\alpha}{2}=30°$，

故
$$a_{0j}=0.577P \tag{5-2}$$

三、测量仪器

用三针法测量螺纹中径可在卧式或立式测长仪上进行。卧式测长仪的介绍参见实验1-2有关部分。用立式测长仪测量外螺纹时，由于仪器的阿贝测量头为垂直放置，且工作台是固定的，故只能用手握被测工件，以找正测量部位。其读数方法见实验1-2。用卧式测长仪测量螺纹，如图5-4所示。

图5-4　用卧式测长仪测量外螺纹

四、测量步骤（参见图1-7）

1. 根据公式(5-2)，计算最佳三针直径。
2. 清洗工件、测量头、量针及工作台。
3. 接通电源，合上仪器电源开关。
4. 取下图1-7中的测钩6和8，换上装有三针的量针架。
5. 调整尾座位置，挂上重锤。松开螺钉4，使测量轴缓慢移动与尾座测头接触。从读数显微镜中读取初始读数A_1。
6. 拉开测量轴，锁紧螺钉4。如图5-4所示，装上工件和量针，用手轮14将工作台调至适当

高度，使测量头的高度处于被测螺纹的直径部位。松开螺钉 4，使测量轴缓慢移动至与量针接触。摆动手柄 11，找到最小读数（转折点），记下读数 A_2。

7. 计算 M 值。$M = A_2 - A_1$，将此值代入公式（5-1），计算实际中径 d_2。

8. 判断工件是否合格。

9. 切断电源，清洗仪器。

五、注意事项

1. 在安装工件时，用三根量针的中部与工件接触；

2. 卧式测长仪的测量力由重锤控制，在移动测量轴时一定要小心轻放，以免测量轴撞击尾座及工件而影响测量结果。

六、思考题

1. 用三针法测量螺纹中径，有哪些测量误差？

2. 用三针法测得的中径是作用中径还是单一中径？

3. 用三针法测量螺纹中径，应如何选择量针直径？

实验六　齿轮测量

齿轮的测量方法分为单项测量和综合测量。单项测量除用于成品齿轮的验收检验外，也常用于工艺检查，以判断被加工齿轮是否已达到规定的工序要求，分析加工中产生误差的原因，及时采取必要的工艺措施，保证齿轮的加工精度。综合测量能连续地反映整个齿轮啮合点上的某些误差，测量效率高，主要用于成批生产中评定已完工齿轮的质量。

实验 6-1　齿圈径向跳动测量

一、目的与要求

1. 了解测量齿圈径向跳动误差 ΔF_r 的目的；
2. 掌握 ΔF_r 的测量方法。

二、测量原理

齿圈径向跳动误差 ΔF_r 是指齿轮在一转范围内，测量头在齿槽内（或轮齿上）与齿高中部双面接触，测量头相对于齿轮轴线径向位置的最大变动量（图 6-1）。测量时，以齿轮轴线为基准，将测量头插入齿槽，从指示表上读数。逐齿测量一圈，其最大读数与最小读数之差即为齿圈径向跳动误差。（以指示表读数为纵坐标，齿序为横坐标，可作出如图 6-1 中所示的曲线，ΔF_r 为曲线上最高与最低点的坐标距离）。

对于齿形角 $\alpha=20°$的直齿圆柱齿轮，为使测量头与被测齿廓在分度圆附近接触，测量头直径 d_p 应选用按下式计算的尺寸，

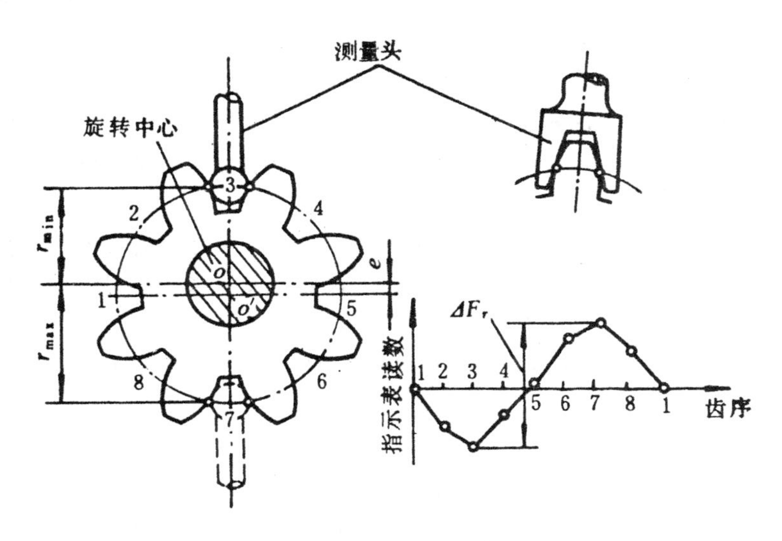

图 6-1　齿圈径向跳动的测量

$$d_p = mz\sin\frac{90°}{z} \Big/ \cos\left(\alpha + \frac{90°}{z}\right)$$

式中，m——模数(mm)；z——齿数。

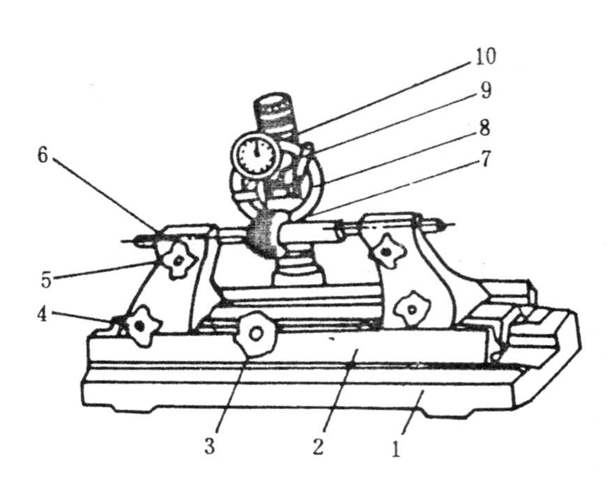

图 6-2　齿圈径向跳动检查仪

1—底座；2—滑板；3—手轮；4、5—锁紧螺钉；6—顶尖座；7—螺母；8—可转测量架；9—手柄；10—指示表

三、测量仪器

图 6-2 所示的为齿圈径向跳动检查仪外形图。转动手轮 3，滑板 2 可在底座上左右移动。扳动手柄 9，可使指示表 10 抬起或放下。仪器备有不同直径的球形测量头，测量时可按齿轮的模数选用。可测工件的最大直径为 200mm，指示表的分度值为 0.001mm。

四、测量步骤

1. 根据被测齿轮的模数选取适当直径的球形测量头装于指示表测杆下端。
2. 将齿轮安装在仪器的两顶尖上，使其既能转动而又无轴向窜动。
3. 转动手轮 3，移动滑板 2 使齿轮位于指示表 10 下方。
4. 向前扳动手柄 9，使测量头进入齿槽。松开立柱背后的锁紧螺钉(图中未示出)，转动螺母 7，使测量架 8 下降，直至测量头与齿槽接触，并且指示表指针大致指在零点附近，然后锁紧。转动表盘使指示表指针对零。
5. 向后扳动手柄 9，抬起指示表。换被测齿轮的齿，使测量头进入第二齿槽测量部位。
6. 逐齿测量一圈，从指示表上读得的最大读数与最小读数之差，即为齿圈径向跳动误差 ΔF_r。
7. 根据齿圈径向跳动公差 F_r，判断被测齿轮的该项指标是否合格。

五、思考题

1. 测量齿圈径向跳动的目的是什么？
2. 如果 $\Delta F_r < F_r$，是否能足以说明被测齿轮的运动精度已满足使用要求？

实验 6-2　公法线平均长度偏差与公法线长度变动测量

一、目的与要求

1. 了解测量齿轮公法线长度变动 ΔF_W 与公法线平均长度偏差 ΔE_{Wm}的目的；
2. 掌握 ΔE_{Wm}与 ΔF_W 的测量方法。

二、测量原理

公法线平均长度偏差 ΔE_{Wm}是指在齿轮一周内，公法线长度平均值与公称值之差，它反映齿厚减薄量。其测量目的是为了保证齿侧间隙。公法线长度变动 ΔF_W 是指齿轮一周范围内，实际公法线长度的最大值与最小值之差，反映齿轮加工中切向误差引起的齿距不均匀性，故可用于评定齿轮的运动精度。

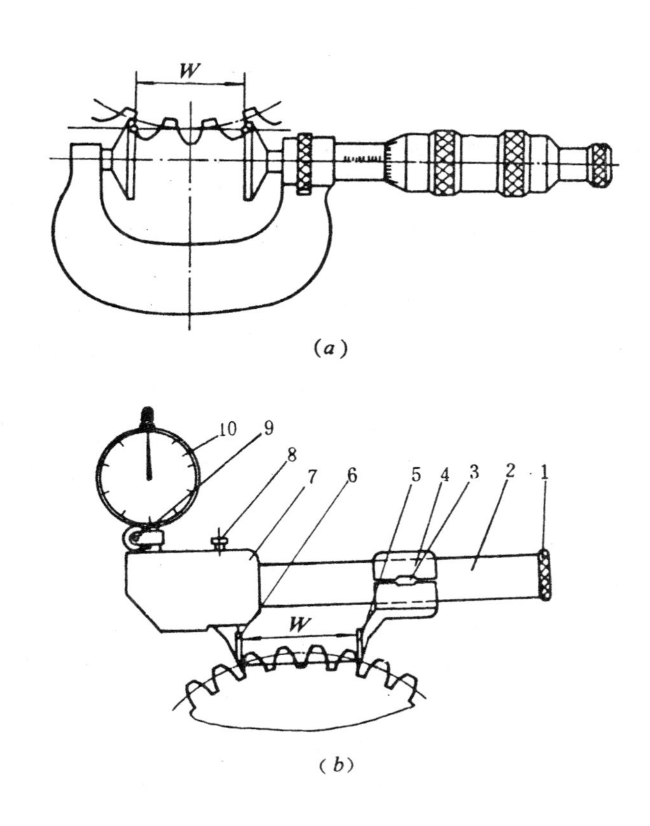

图 6-3　测量公法线长度的器具

(a)—公法线百分尺；　(b)—公法线指示表卡规

1—钥匙；2—杆体；3—开口槽；4—开口套；5—固定量爪；6—活动量爪；7—卡规体；8—按钮；9—锁紧螺钉；10—指示表

测量公法线平均长度偏差时，需先计算被测齿轮公法线长度的公称值 W，然后按 W 值组合量块，用于调整两量爪之间的距离。沿齿圈一周每次跨过一定齿数进行测量，所得读数的平均值与公称值之差，即为 ΔE_{Wm}值。

测量公法线长度变动时，按选定的跨齿数 n，使两量爪的测量平面分别与第 1 和第 n 齿的异名齿廓相切。调节两量爪 5、6 的距离使指示表压缩约 2 圈，并将指针对零。沿齿圈一周，进行测量，所得读数中的最大值与最小值之差，即为 ΔF_W 值。

对于齿形角 $\alpha=20°$的直齿圆柱齿轮，公法线长度 W 和跨齿数 n 可用下式计算：

$$W=m[2.952(n-0.5)+0.014z]$$

$$n=\frac{1}{9}z+0.5\approx0.111z+0.5$$

式中，z——齿数；m——模数(mm)。

三、测量仪器

测量仪器有公法线百分尺、公法线指示表卡规。

图 6-3 所示的是用公法线百分尺和公法线指示表卡规测量的示意图。公法线指示表卡规的两量爪之间的距离可通过开口套 4 在杆体 2 上移动来调整。活动量爪 6 的位移通过 1∶2 的杠杆传给指示表 10。指示表的分度值为 0.005mm，可测模数 1～10mm、直径在 450mm 以内的中等精度齿轮。

四、测量步骤

1. 计算公法线长度公称值 W 和跨齿数 n。
2. 按 W 值组合量块
3. 调整仪器。用公法线百分尺测量时，先用校对量块检查其零位。然后直接进行测量。用公法线指示表卡规进行测量时，需将钥匙 1 插入开口槽 3 中，转动钥匙以移动开口套，使量爪 5、6 与量块组接触，并使指示表压缩约两圈后，将指针调至零位，然后按下按钮 8 取出量块。
4. 测量时，使量爪与两齿廓接触，并轻轻地摆动卡规，找到指示表指针的转折点，即可读出实际公法线长度对其公称值的偏差。分别沿齿圈一周进行测量，取测量结果的平均值作为公法线平均长度的偏差 ΔE_{Wm}，取测量结果的最大值与最小值之差作为公法线长度变动 ΔF_W。若用公法线百分尺测量，则其测量结果可通过实际公法线长度值按下式计算获得。

公法线平均长度偏差　$\Delta E_{Wm}=\frac{1}{z}\sum_{i=1}^{z}W_i-W$

公法线长度变动　$\Delta F_W=W_{max}-W_{min}$

5. 根据公法线平均长度的上偏差 E_{Wms}、下偏差 E_{Wmi}和公法线长度变动公差 F_W，判断齿轮的上述被测指标是否合格。当齿形角 $\alpha=20°$时，E_{Wms}和 E_{Wmi}可按下式计算：

$$E_{Wms}=E_{ss}\cos\alpha-0.72F_r\sin\alpha$$

$$E_{Wmi}=E_{si}\cos\alpha+0.72F_r\sin\alpha$$

式中，E_{ss}——齿厚上偏差；E_{si}——齿厚下偏差；F_r——齿圈径向跳动公差。

五、思考题

1. 测量 ΔF_W 和 ΔE_{Wm}的目的是什么？
2. 若 $\Delta F_W<F_W$，是否能足以说明被测齿轮的运动精度已满足使用要求？
3. 若仅测量 ΔF_W，是否需计算公法线长度公称值 W 及用量块组调整测量器具？

实验 6-3　齿距偏差与齿距累积误差测量

一、目的与要求

1. 了解测量齿距累积误差 ΔF_P 与齿距偏差 Δf_{Pt}的目的；
2. 掌握 ΔF_P 与 Δf_{Pt}的测量方法及数据处理方法。

二、测量原理

齿距偏差 Δf_{Pt}是指在分度圆上，实际齿距与公称齿距之差，可用于评定齿轮的工作平稳性。齿距累积误差 ΔF_P 是指在分度圆上，任意两个同侧齿面间的实际弧长与公称弧长的最大差值。齿距累积误差主要由几何偏心和运动偏心所引起，包含了径向误差和切向误差，能较全面地反映齿轮的运动精度。

Δf_{Pt}和 ΔF_P 的测量方法有相对法和绝对法两种。用相对法测量时，首先以被测齿轮任意两相邻齿之间的实际齿距作为基准齿距调整仪器，然后顺序测量各相邻齿的实际齿距相对于基准齿距之差，称为相对齿距差。各相对齿距差与相对齿距差平均值之代数差，即为齿距偏差。取其中绝对值最大者作为被测齿轮的齿距偏差 Δf_{Pt}，将它们逐个累积，即可求得被测齿轮的齿距累积误差 ΔF_P。

三、测量仪器

Δf_{Pt}和 ΔF_P 可用图 6-4 所示的齿距仪进行相对测量。齿距仪的分度值为 0.005mm，可测量模数为 3～15mm 中等精度的齿轮。测量时，两个定位支脚 4 紧靠齿顶圆定位。活动测量头 2 的位移通过杠杆传给指示表 7。

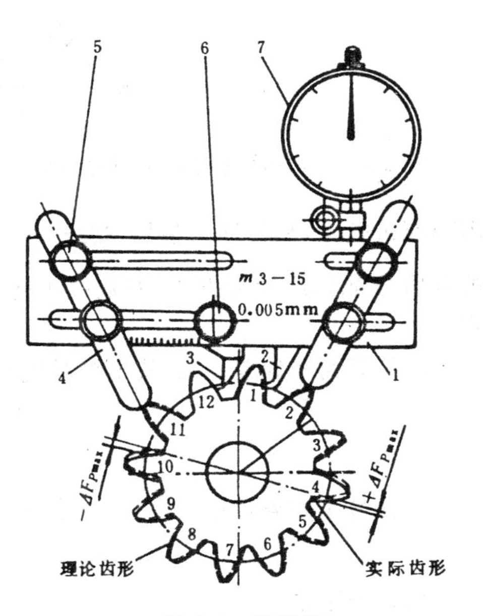

图 6-4　齿距仪

1—仪器本体；2、3—测量头；4—定位支脚；5、6—锁紧螺钉；7—指示表

四、测量步骤

1. 根据被测齿轮模数，调整齿距仪的固定测量头 3 并用螺钉 6 锁紧。调节定位支脚 4，使测量头 2、3 位于齿高中部的同一圆周上，并与两同侧齿面相接触且指示表 7 的指针预压约一圈，锁紧螺钉 5。旋转表壳使指针对零。以此实际齿距作为基准齿距。

2. 逐齿测量各实际齿距相对于基准齿距的偏差，列表记录读数。

五、数据处理

以表 6-1 为例，分别用计算法和作图法说明。

表 6-1　用计算法求齿距累积误差(μm)

齿序＼步骤	相对齿距差 $\Delta f_{Pti相对}$	相对齿距累积误差 $\Delta F_{P相对}$	齿距偏差 Δf_{Pti}	齿距累积误差 ΔF_P
1	0	0	+4	+4
2	+5	+5	+9	+13
3	+5	+10	+9	+22
4	+10	+20	+14	[+36]
5	−20	0	−16	+20
6	−10	−10	−6	+14
7	−20	−30	−16	−2
8	−18	−48	−14	−16
9	−10	−58	−6	−22
10	−10	−68	−6	[−28]
11	+15	−53	[+19]	−9
12	+5	−48	+9	0
相对齿距差平均值	$K=\frac{\sum\Delta f_{Pti相对}}{n}=\left(\frac{-48}{12}\right)\mu m=-4\mu m$			
齿距偏差	$+19\mu m$			
齿距累积误差	$\Delta F_P=[36-(-28)]\mu m=64\mu m$			

(一)计算法

1. 根据测得的相对齿距差 $\Delta f_{Pti相对}$，计算累积值 $\Delta F_{P相对}=\sum_1^n \Delta f_{Pti相对}$，求出 K 值。

$$K=\frac{\sum_1^n \Delta f_{Pti相对}}{n}=\left(\frac{-48}{12}\right)\mu m=-4\mu m$$

若 $\sum_1^n \Delta f_{Pti相对}$ 能被齿数 n 整除(即 K 为整数)，则齿距偏差累积到最后一齿时，其值应为零，若不能被整除，K 可取为整数，则最后一齿的齿距累积误差将不为零。此时，应将 $\sum_1^n \Delta f_{Pti相对}/n$ 的余数分配到原始数据中，对数据进行修正，然后，再进行计算，就能使最后一齿的累积值为零。

2. 计算齿距偏差 Δf_{Pti}，找出绝对值最大的偏差值。

$$\Delta f_{Pti}=\Delta f_{Pti相对}-K$$

$$\Delta f_{Ptmax}=+19\mu m$$

3. 计算齿距累积误差 $\sum_1^n \Delta f_{Pti}$，其中最大值与最小值之差即为齿距累积误差 ΔF_P，

$$\Delta F_P=\Delta F_{Pmax}-\Delta F_{Pmin}=[36-(-28)]\mu m=64\mu m$$

(二)作图法

以横坐标代表齿序 n，纵坐标代表相对齿距累积误差 ΔF_P 相对，绘出如图 6-5 所示的误差曲线。过首末两点作一条直线，则误差曲线相对于首末两点连线的最大值与最小值之差即为齿距累积误差 ΔF_P。

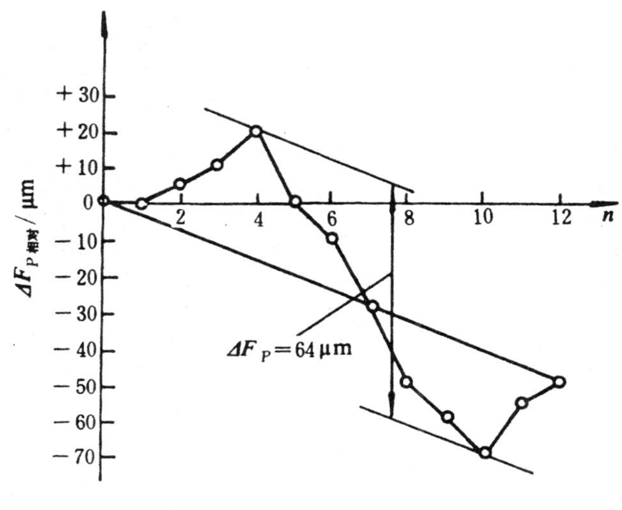

图 6-5　齿距误差曲线

六、思考题

1. 测量 ΔF_P 和 Δf_{Pt}的目的是什么？

2. 用相对法测量 ΔF_P 有哪些优缺点？

实验 6-4　齿形误差测量

一、目的与要求

1. 了解测量齿形误差 Δf_f 的目的；

2. 掌握 Δf_f 的测量原理和方法。

二、测量原理

齿形误差 Δf_f 是指在端截面上，齿形工作部分内，包容实际齿形的两条最近的设计齿形间的法向距离。齿形误差是齿廓的形状误差与由基圆直径误差引起的齿形误差之和，故又称为总齿形误差。测量齿形误差是为了保证轮齿啮合过程中的工作平稳性。测量渐开线齿形误差的原理是：根据渐开线的形成规律，利用精密机构产生标准的渐开线，并与实际齿廓进行比较，以确定齿形误差 Δf_f。

图 6-6(a)所示的是单盘式渐开线仪原理图。被测齿轮 1 与可换基圆盘 2 装在同一心轴上，基圆盘直径等于被测齿轮基圆直径 d_b 并与装在滑板 6 上的直尺 4 相切，且具有一定的接触压力。当转动丝杠 7 使滑板 6 移动时，直尺 4 便与基圆盘 2 作纯滚动，此时被测齿轮也随着转动。在滑板 6 上装有测量杠杆 3，它的一端为测量头，与被测齿面接触，接触点正好在直尺 4 与基圆盘 2 相切的平面上；而杠杆的另一端与指示表 5 的测量头接触。直尺 4 与基圆盘 2 作相对滚动时，测量头与齿廓相对运动的轨迹应是正确渐开线。如果被测齿形与理论齿形不符合，测量头相对于直尺 4 就产生位移，测量头的位移即代表齿形误差，其数值从指示表 5 读取。

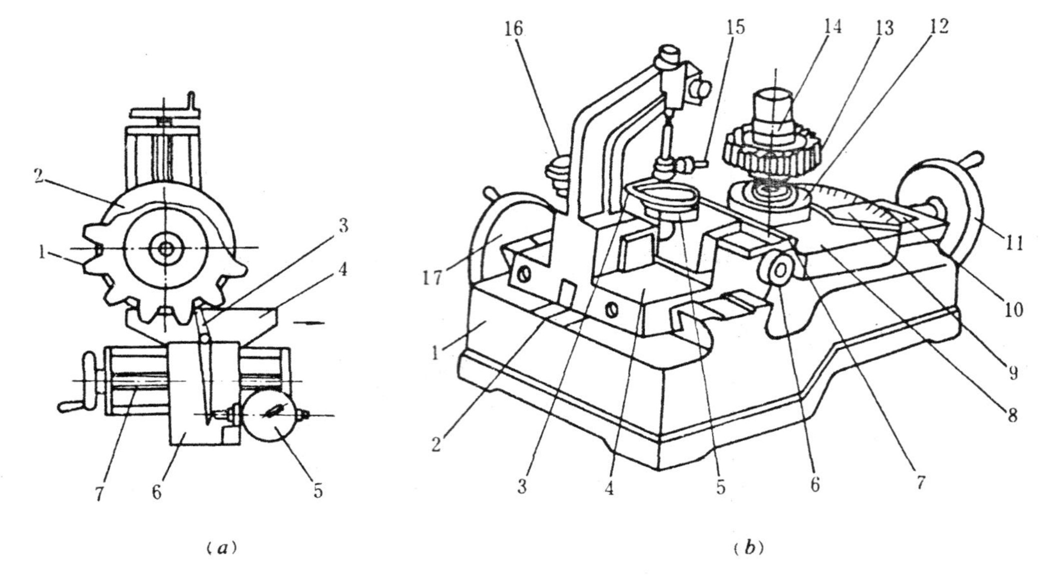

图 6-6　单盘式渐开线检查仪

(a)—测量原理

1—被测齿轮；2—基圆盘；3—杠杆；4—直尺；5—指示表；6—滑板；7—丝杠

(b)—仪器外形

1—底座；2—刻线；3—杠杆；4—横向滑板；5、16—指示表；6—螺杆；7—直尺；8—纵向滑板；9—指针；10—弹簧；11、17—手轮；12—基圆盘；13—被测齿轮；14—螺母；15—量头

三、测量仪器

单盘式渐开线检查仪如图 6-6(b)所示。主要由底座 1、纵向和横向导轨、纵向滑板 8(其心轴上装有被测齿轮 13 和基圆盘 12)、横向滑板 4(其上有直尺 7 和包括测量头 15、杠杆 3 和指示表 5、16 的测量装置)组成。基圆盘与直尺之间的接触力靠弹簧 10 来控制。仪器可测工件的直径为 60～240mm，模数 $m=1\sim10$mm，指示表分度值为 0.002mm。测量时，需用平面样板和缺口样板来调整测量头，使其端点位于通过心轴中心线且垂直于直尺工作面的平面内。该仪器的优点是运动链短，结构简单，若装调适当，可达较高的测量精度。缺点是每测量一种不同模数或齿数的齿轮，都要更换基圆盘。基圆盘的直径，对于直齿圆柱齿轮，

$$d_b = mz\cos\alpha$$

对于斜齿圆柱齿轮，

$$d_b = \frac{m_n z}{\sqrt{\mathrm{tg}^2\alpha_n + \cos\beta}}$$

它适用于产品品种少、批量大的生产中。

四、测量步骤

1. 确定展开长度和展开角，按被测齿轮与一齿条相啮合计算，当分度圆压力角 $\alpha_f=20°$时，计算公式为：

起始展开长度：　　$b_1 = m(0.171z - 2.924)$

终止展开长度：　　$b_2 = m\sqrt{(0.029z+1)z+1}$

有效展开长度：　　$b = b_2 - b_1$

起始展开角：　　　　　　　　$\varphi_b=\frac{b_1}{r_b}\times 57.29°$

终止展开角：　　　　　　　　$\varphi_e=\frac{b_2}{r_b}\times 57.29°$

有效展开角：　　　　　　　　$\varphi=\varphi_e-\varphi_b$

式中，m——模数(mm)；z——齿数；r_b——基圆半径。

2. 旋转手轮 17 移动横向滑板 4，使滑板后的刻线与仪器座上刻线 2 对准[图 6-6(*b*)]。

3. 将平面样板装夹在直尺与基圆盘之间，调整测量头端点，使其正好与平面样板接触，且刃口侧面大致处于垂直方向，锁紧螺母〔图 6-6(*a*)〕。

4. 将仪器上的展开角指针用夹子固定在刻度盘的零位上，将缺口样板装在仪器心轴上，使测量头的端点与缺口样板的缺口表面接触〔图 6-7(*b*)〕。旋转手轮 11〔图 6-6(*b*)〕，纵向移动缺口样板，若指示表的示值不变，即表示测量头位于要求的位置上。如果指示表的示值有变动，需调整缺口样板作微小回转，直至纵向移动缺口样板而指示表的指针不动为止。记下刻度盘的读数，然后将指示表调至零位。

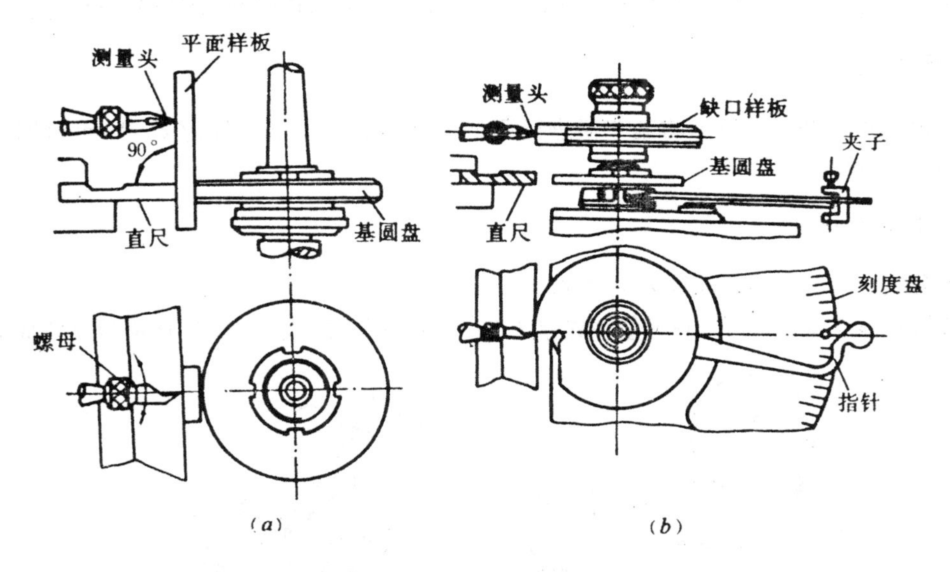

图 6-7　用样板调准测量头

5. 将缺口样板卸下，转动手轮 11，以使直尺与基圆盘压紧。松开夹子，转动手轮 17，调整测量起始点的展开角。读出刻度盘读数。

6. 装上齿轮，使测量头与被测齿面接触，用手微动齿轮，并使指示表上的示值再回到零位。然后用螺母 14 锁紧齿轮。

7. 旋转手轮 17，在齿形工作段内，齿轮每转过 3 度，从指示表中记一次读数，直到展开角达到测量终止点为止。把所测数值画在坐标纸上，作出齿形误差曲线。

在被测齿轮圆周上，每隔大约 90°位置选测一齿。测左、右齿廓，取其中的最大值作为该齿轮的齿形误差 Δf_f。

六、思考题

1. 齿形误差对齿轮传动有何影响？

2. 测量时，为什么要调整测量头端点的位置？如何调整？

实验 6-5　基节偏差测量

一、目的与要求

1. 了解测量基节偏差 Δf_{Pb}的目的；

2. 掌握 Δf_{Pb}的测量方法。

二、测量原理

基节是齿轮基圆上相邻两齿同侧齿廓间的弧长。对于渐开线齿轮，其基节在数值上与两相邻齿同侧齿廓间的法向距离（法节）相等。基节偏差 Δf_{Pb}是实际基节与公称基节之差。测量基节偏差的目的是为了保证齿轮的工作平稳性。当压力角 $\alpha_n=20°$，齿轮模数为 m_n 时，公称基节按公式 $P_b=\pi m_n\cos\alpha_n$ 计算。测量时，先用尺寸等于 P_b 的量块组调整仪器两测量头之间的距离，使指示表指针对零位，然后将仪器放在齿轮上让两测量头与两齿面接触，测出基节偏差。

三、测量仪器

基节偏差可用图 6-8 所示的基节仪进行测量。该仪器可测量模数为 2～16mm 的齿轮，分度值为 0.001mm。

四、测量步骤

1. 按公式 $P_b=\pi m_n\cos\alpha_n$ 计算公称基节。

2. 按公称基节组合量块，并将量块组装在图 6-8(*b*)所示的夹具上。松开基节仪背面的锁紧

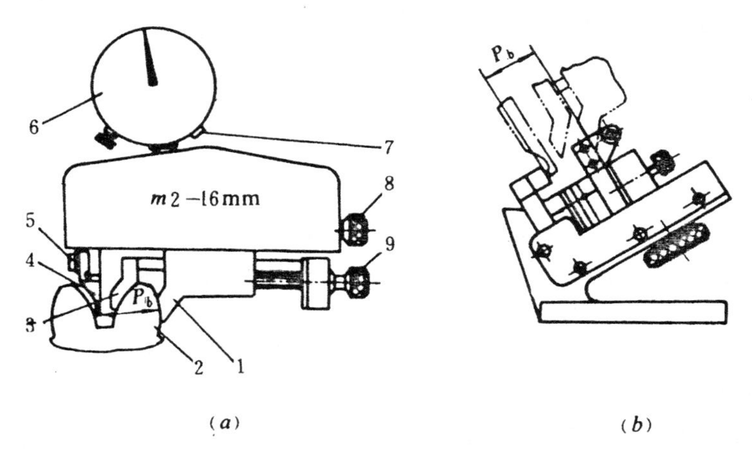

图 6-8　基节偏差测量

(*a*)—基节仪；　(*b*)—量块夹

1—固定测量头；2—被测齿轮；3—定位爪；4—活动测量头；5—锁紧螺钉；

6—指示表；7—指示表零位调整螺钉；8—测量头位置调整螺钉；9—定位爪调整螺钉

螺钉（图中未示出），转动螺钉 8，在量块夹上调整两测量头之间的距离，使指示表 6 的指针处在零位附近，然后锁紧。转动螺钉 7，将指针对准零位。按模数大小，转动螺钉 9，将定位爪调到适当位置。

3. 将调好的仪器置于轮齿上，使测量头 1 与齿廓相切。摆动基节仪，找出最小读数（回转点）。这个最小读数即为所测基节相对于公称基节的偏差。将齿轮沿圆周分成若干等分，分别在每一等分内对某一轮齿左、右齿廓的基节偏差进行测量。

4. 按基节的极限偏差 $\pm f_{Pb}$，判断合格性。

五、注意事项

1. 注意读数的正、负号；
2. 定位爪的位置应调整恰当。

六、思考题

1. 测量基节偏差 Δf_{Pb} 的目的是什么？
2. 为什么要测量某一轮齿左、右齿廓的基节偏差？

实验 6-6　齿厚偏差测量

一、目的与要求

1. 了解测量齿厚偏差 ΔE_s 的目的；
2. 掌握 ΔE_s 的测量方法。

二、测量原理

齿厚偏差 ΔE_s 是指分度圆柱面上，齿厚（对于斜齿圆柱齿轮，指法向齿厚）实际值与公称值之差。控制齿厚的目的是为了保证获得一定的齿侧间隙。用齿轮游标卡尺测量齿厚偏差是以齿顶圆作为定位基准的。当齿顶圆直径为公称值时，直齿圆柱齿轮分度圆处的弦齿高 $\bar{h}$ 和弦齿厚 $\bar{S}$ 按下式计算：

$$\bar{S}=mz\sin\frac{90^\circ}{z}$$

$$\bar{h}=m\left[1+\frac{z}{2}\left(1-\cos\frac{90^\circ}{z}\right)\right]$$

式中，m——模数(mm)；z——齿数。

考虑到定位基准（顶圆）可能有加工误差，计算 $\bar{h}$ 时，应根据齿顶圆半径的实际偏差 Δr_e 值加以修正，即

$$\bar{h}=m\left[1+\frac{z}{2}\left(1-\cos\frac{90^\circ}{z}\right)\right]\pm\Delta r_e$$

三、测量仪器

齿厚偏差可用图 6-9 所示的齿轮游标卡尺测量。齿轮游标卡尺的分度值为 0.02mm，可测量模数为 1～26mm 的齿轮。它相当于两个普通游标卡尺的组合。竖直游标尺 1 用来控制弦齿高 $\bar{h}$。水平游标尺 5 用来测量齿厚。其原理和读数方法与普通游标卡尺相同。

四、测量步骤

1. 用外径百分尺测出齿顶圆实际直径，计算顶圆半径实际偏差 Δr_e。

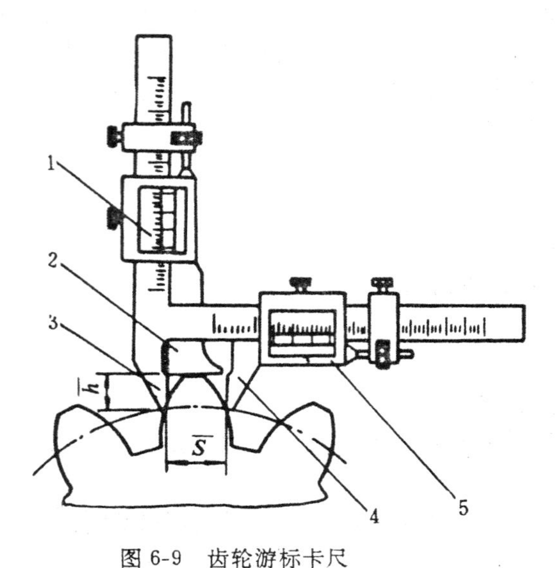

图 6-9 齿轮游标卡尺

1—竖直游标尺；2—定位高度尺；3、4—测量爪；5—水平游标尺

2. 计算弦齿厚 $\overline{S}$ 和弦齿高 $\overline{h}$。

3. 按 $\overline{h}$ 值调整竖直游标尺 1，将定位高度尺 2 锁紧。

4. 将游标卡尺置于轮齿上，使定位高度尺 2 与齿顶接触，然后使测量爪 3、4 与齿面接触（借透光判断接触是否良好），从水平游标尺 5 上读出分度圆齿厚的实际值 $\overline{S}'$ 。

5. 用测得的实际齿厚 $\overline{S}'$ 减去公称值 $\overline{S}$ 即为分度圆齿厚偏差 $\Delta E_s=\overline{S}'-\overline{S}$。

6. 在齿轮圆周间隔相等的四个轮齿上分别测量齿厚，求得齿厚偏差。

7. 按齿厚上偏差 ΔE_{ss}和下偏差 ΔE_{si}，判断合格性。

五、思考题

1. 测量 ΔE_s 的目的是什么？

2. 当齿顶圆存在加工误差时，为什么要用修正公式计算 $\overline{h}$？

实验 6-7　径向综合误差与相邻齿径向综合误差测量

一、目的与要求

1. 了解测量径向综合误差 $\Delta F_i''$ 与相邻齿径向综合误差 $\Delta f_i''$ 的目的；

2. 掌握齿轮双面啮合仪的使用方法。

二、测量原理

径向综合误差 $\Delta F_i''$ 是指被测齿轮与理想精确的测量齿轮双面啮合时，在被测齿轮一转内，双啮中心距的最大变动量。$\Delta F_i''$ 除了主要反映齿轮几何偏心所引起的长周期径向误差外，也包含了基节偏差和齿形误差等短周期误差的影响，用来评定齿轮的运动精度。相邻齿径向综合误差 $\Delta f_i''$ 是指被测齿轮与理想精确的测量齿轮双面啮合时，在被测齿轮一齿距角内，双啮中心距的最大变动量。测量 $\Delta f_i''$ 是为了保证齿轮的工作平稳性精度。

测量时，被测齿轮安装在固定拖板的心轴上，测量齿轮安装在浮动拖板的心轴上，在弹簧力的作用下，两齿轮作紧密无侧隙的双面啮合。使被测齿轮回转，双啮中心距的变动将综合反映被测齿轮的制造误差。

三、测量仪器

用来测量齿轮径向综合误差和相邻齿径向综合误差的双面啮合仪如图 6-10(*a*)所示。其测量齿轮 3(精度比被测齿轮高 2～3 级)装在浮动拖板 4 的心轴上，被测齿轮 2 装在固定拖板 1 的心轴上。转动手轮 12，丝杠带动拖板 1 移动，靠弹簧力使两齿轮紧密啮合，当两齿轮啮合转动时，由于被测齿轮有误差，引起双啮中心距变动从而推动浮动拖板，使记录笔 7 和指示表 9 的指针摆动，与此同时，皮带 8 带动记录纸卷筒 6 转动而划出放大 100 倍的误差曲线〔图 6-10(*b*)〕。仪器可测量模数为 1～10mm，中心距为 50～300mm 的齿轮，指示表分度值为 0.01mm。

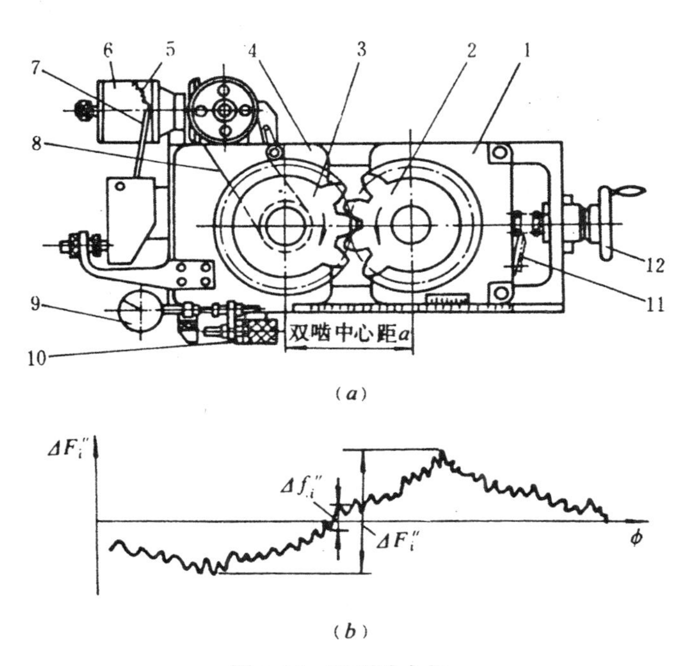

图 6-10　双面啮合仪

1—固定拖板；2—被测齿轮；3—测量齿轮；4—浮动拖板；5—记录曲线；6—卷纸筒；7—记录笔；8—皮带；9—指示表；10—滚花轮；11—手柄；12—手轮

四、测量步骤

1. 把测量齿轮 3 和被测齿轮 2 分别装在心轴上。

2. 反时针旋转滚花轮 10，直至销钉挡住不能再转动为止。

3. 转动手轮 12，调整拖板 1 的位置，使两齿轮接近啮合状态。

4. 压紧手柄 11 使拖板 1 固定。顺时针旋转滚花轮 10，浮动拖板 4 就压向固定拖板 1，于是装在心轴上的两齿轮便成紧密啮合。

5. 调整指示表 9，使指针预压约 1 圈后，对零。装好记录纸，调整记录笔使之在纸面中部与记录纸接触。

6. 手握浮动拖板心轴上的滚花螺母，使被测齿轮转动一转，从指示表指针的摆动量读出或从记录曲线上的最大幅值量出（量出的数值需缩小 100 倍）双啮中心距的最大变动量，即径向综合误差 $\Delta F_i''$。

7. 将齿轮转过一齿距角，用上述同样的方法可得出相邻齿径向综合误差 $\Delta f_i''$。

五、思考题

1. 测量径向综合误差 $\Delta F_i''$ 和相邻齿径向综合误差 $\Delta f_i''$ 的目的是什么？

2. 改变两齿轮相对起始测量位置，其记录曲线有何变化？其测量结果是否相同？

附录一　量块和常用量具

一、量块

量块是机械制造中的实用长度基准，用于检定计量器具及调整仪器的零位。通过量块作媒介，将自然长度基准（光波波长）传递到量具和工件。

1. 量块的长度和精度

量块具有两个平行的测量面。量块长度是指上工作面中点到与下工作面相粘合平晶表面间的垂直距离〔附图 1-1(*c*)〕。标称长度≤6mm 的量块，长度数字刻在测量面上；其他长度的量块，数字刻在非测量面上〔附图 1-1(*a*)〕。

量块具有可粘合的特性。如附图 1-1(*d*)，用汽油洗净量块，用少许压力将量块工作面相互推合后，可使之牢固地粘在一起。量块是成套制造的，每套包括一定数量的不同长度的量块，因而可按照需要，选取几块量块组成各种长度尺寸。

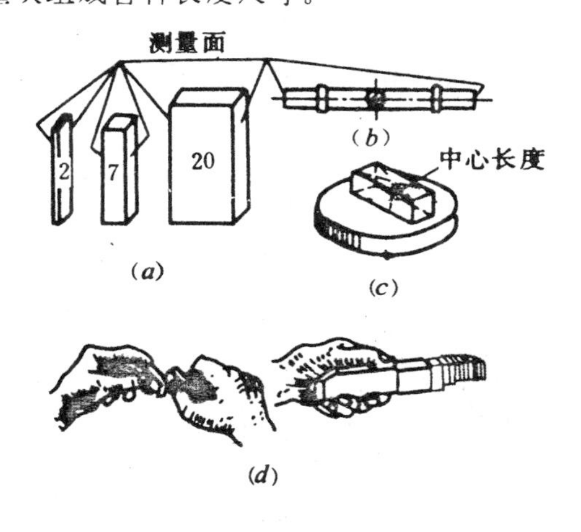

附图 1-1　量块

附表 1　量块的精度级别（摘自 GB6093—85）

标称长度范围 mm		00 级		0 级		1 级		2 级		3 级		校准级 *K*	
		量块长度的极限偏差	长度变动量允许值	量块长度的极限偏差	长度变动量允许值	量块长度的极限偏差	长度变动量允许值	量块长度的极限偏差	长度变动量允许值	量块长度的极限偏差	长度变动量允许值	量块长度的极限偏差	长度变动量允许值
大于	至	μm											
—	10	±0.06	0.05	±0.12	0.10	±0.20	0.16	±0.45	0.30	±1.0	0.50	±0.20	0.05
10	25	±0.07	0.05	±0.14	0.10	±0.30	0.16	±0.60	0.30	±1.2	0.50	±0.30	0.05
25	50	±0.10	0.06	±0.20	0.10	±0.40	0.18	±0.80	0.30	±1.6	0.55	±0.40	0.06
50	75	±0.12	0.06	±0.25	0.12	±0.50	0.18	±1.00	0.35	±2.0	0.55	±0.50	0.06
75	100	±0.14	0.07	±0.30	0.12	±0.60	0.20	±1.20	0.35	±2.5	0.60	±0.60	0.07

附表 1 列出了量块的精度级别。量块按制造精度分为 00、0、1、2、3 级（00 级精度最高）和校准级 *K*。分级的依据是量块长度极限偏差，量块长度变动量允许值。

量块按级使用时，所依据的是刻在量块上的标称长度，可忽略量块的制造误差。

量块需按尺寸传递要求定期送交计量部门检定各项精度，并给出量块实际长度的检定证书。若按量块的实际长度使用，可忽略量块长度的检定误差。量块的精度等级由高到低共分为1、2、3、4、5、6等。

2. 量块的组合与使用

可用几块量块粘合组成所需尺寸，其选取的原则是量块数要少，以减少尺寸累积误差。

例：试选择组成尺寸23.265mm所需的量块。

解：

```
  23.265
 —1.005……………第一块
  22.260
 —1.060……………第二块
  21.200
 —1.200……………第三块
  20.000……………第四块
```

即可选择尺寸为1.005、1.060、1.200及20.000mm的量块各一块，组成23.265mm的尺寸。

使用量块时，要正确粘合，避免划伤测量面。为了减少温度的影响，最好用竹摄子夹持量块。减少与手的直接接触（戴纱手套操作）。在使用中，不要将量块碰撞和掉落地上，使用完毕，要清洗上油还原。

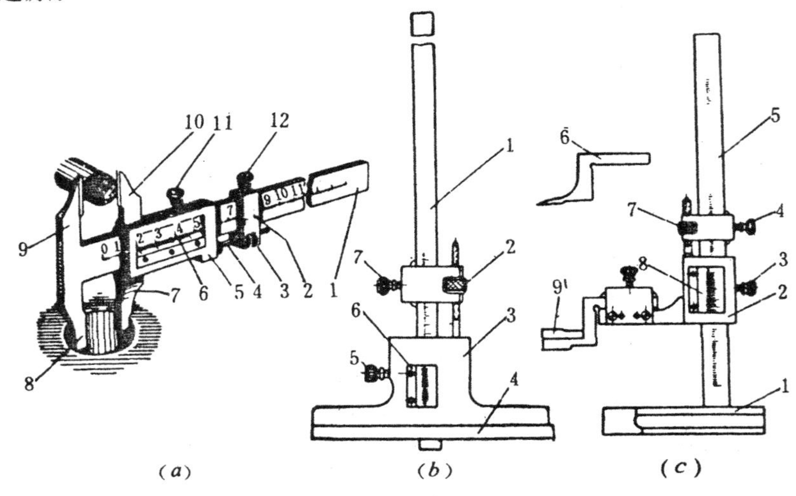

附图1-2 游标尺

(a)—游标卡尺

1—主尺；2—框架；3—调节螺母；4—螺杆；5—游框；6—游标；7、8、9、10—量爪；11、12—锁紧螺钉

(b)—游标深度尺

1—主尺；2—调节螺母；3—游框；4—横尺；5、7—锁紧螺钉；6—游标

(c)—游标高度尺

1—底座；2—游框；3、4—锁紧螺钉；5—主尺；6、9—量爪；7—调节螺母；8—游标

二、游标尺

游标尺由主尺和游标组成。主尺的刻线间距为1mm，游标的刻线间距比主尺的刻线间距

小，其刻线差值（分度值）有 0.1、0.02、0.05mm 三种。在生产中直接用游标尺测量工件的外径、内径、宽度、深度及高度尺寸，应用相当广泛。

游标尺按用途分有，游标卡尺、游标深度尺和游标高度尺（附图 1-2）三种。

附图 1-3 和附图 1-4 所示的是数显卡尺和数显高度尺。

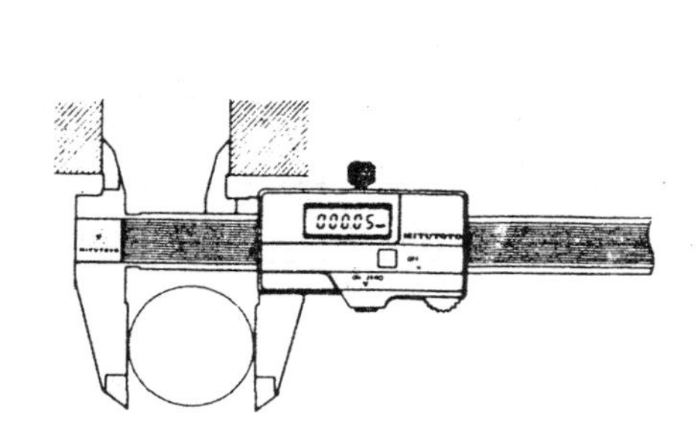

附图 1-3　数显卡尺

附图 1-4　数显高度尺

1. 刻度原理

设游标的刻线间距数为 n，刻线间距为 b，主尺的刻线间距数为 $n-1$，刻线间距为 a（$a=$ 1mm），则游标长度

$$L=nb=(n-1)a$$

$$b=\frac{n-1}{n}a$$

游标分度值

$$i=a-b=a-\frac{n-1}{n}a=\frac{a}{n}$$

如分度值为 0.1mm 的游标尺。取主尺上的 9 格（9mm）长度，在游标上刻成 10 格，则游标的刻线间距为 $\frac{9}{10}$mm，游标分度值 $i=1-\frac{9}{10}=0.1$mm。

为了使游标的刻线间距不致过小，读数时清晰方便，可把游标的刻线间距增大，如附图 1-5（a）所示的分度值 $i=0.1$mm 的游标尺。游标的刻线间距数仍为 $n=10$ 格，主尺的刻线间距数为 $(2n-1)=19$ 格，游标的刻线间距 $b=\frac{19}{10}$mm $=1.9$mm，则游标分度值

$$i=2a-b=2a-\frac{(2n-1)}{n}a=\frac{a}{n}=0.1\text{mm}$$

游标长度 $$L=nb=(2n-1)a$$

写成一般式： $$L=nb=(rn-1)a$$

式中，r——游标模数。

2. 读数方法

游标尺是利用游标的一个刻线间距与主尺一或二个刻线间距的微小差值（游标分度值）及其累积数来估计主尺上的小数读数的。若游标零线正好对准主尺刻线，则游标尺仅最末一根刻

线与主尺刻线重合；若游标零线与主尺刻线错开，则游标尺的某一刻线将和主尺的某一根刻线重合。其读数方法如附图 1-5 的右边部分所示。先确定主尺零刻线（上）与游标零刻线（下）错开的格数，读出整数；然后在游标上找三根刻线，中间的一根应与主尺的某一刻线对齐，两旁的两刻线均偏向中间刻线，游标对齐刻线的序号乘上游标分度值，即为主尺上的小数读数（若游标上直接标出读数，则可直接读数而不必计算）。二者相加为所测尺寸。

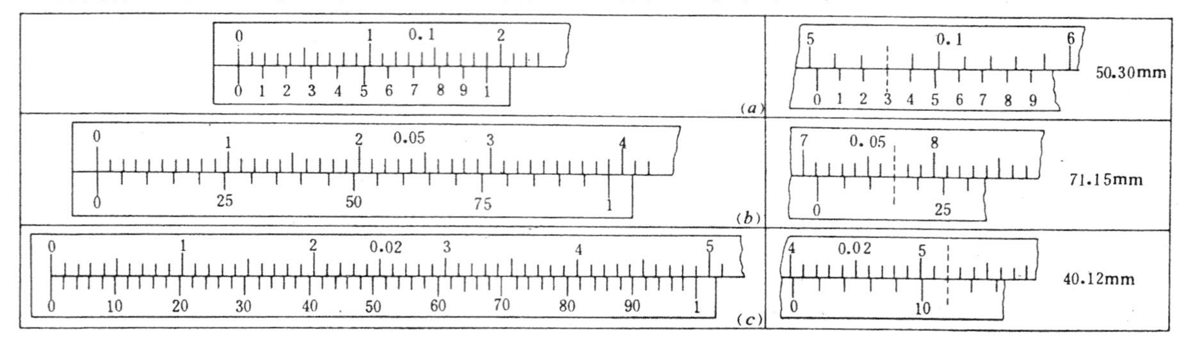

附图 1-5　游标尺的刻度原理与读数方法

3. 选择与使用

1）按工件形状、各被测部位基本尺寸与公差大小选择游标尺。

2）检查零位读数是否正确。将游标卡尺两测量面合拢，检查主尺和游标的零刻线是否对齐，否则记下零位示值误差，测量时加以校正。至于游标深度尺和游标高度尺的检查，则要在使其测量面与平板（或校正块）接触的条件下才能进行。

3）进行测量。如附图 1-2(a)所示，松开螺钉 11 与 12，调节两量爪距离。当量爪与工件表面接触时锁紧螺钉 12。旋转螺母 3，进行微调后读数。对指定部位测量三次，取其平均值作为测量结果。

4. 注意事项

1）被测工件尽可能靠近主尺安放。如附图 1-6 所示。若被测尺寸与刻线尺不在同一直线上，量爪就会因测量力 P 的作用及间隙 Δ_1 的影响而歪斜，从而会产生测量误差 $\Delta=\frac{a}{b}\Delta_1$。为减少此误差，应减小 a。

2）控制测量力。用游标尺测量时，测量力凭测量者的感觉控制，工件在两测量面间不应被压得太紧，但也不允许松动。

3）寻找正确测量部位。测量面接触工件的部位必须正确，以保证所测尺寸的准确性。

4）正确读数。读数时要减少斜视引起的误差，要弄清楚游标刻线上标的是刻线序号还是读数。

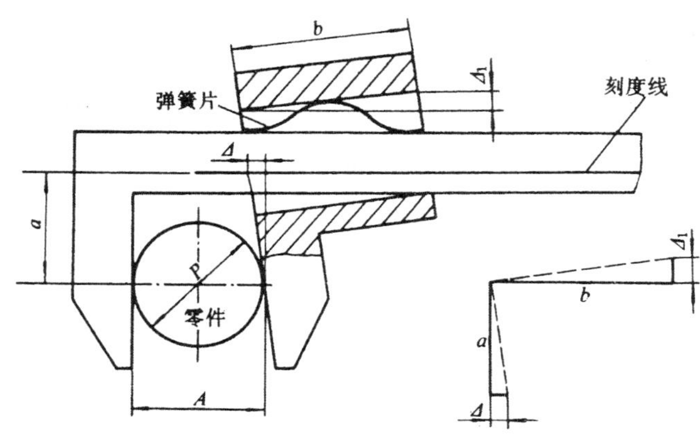

附图 1-6　游标卡尺的结构误差

三、百分尺（千分尺）

百分尺用于测量工件内、外尺寸，深度和高度。按用途可分为外径百分尺、内径百分尺和深度百分尺等（附图 1-7）。

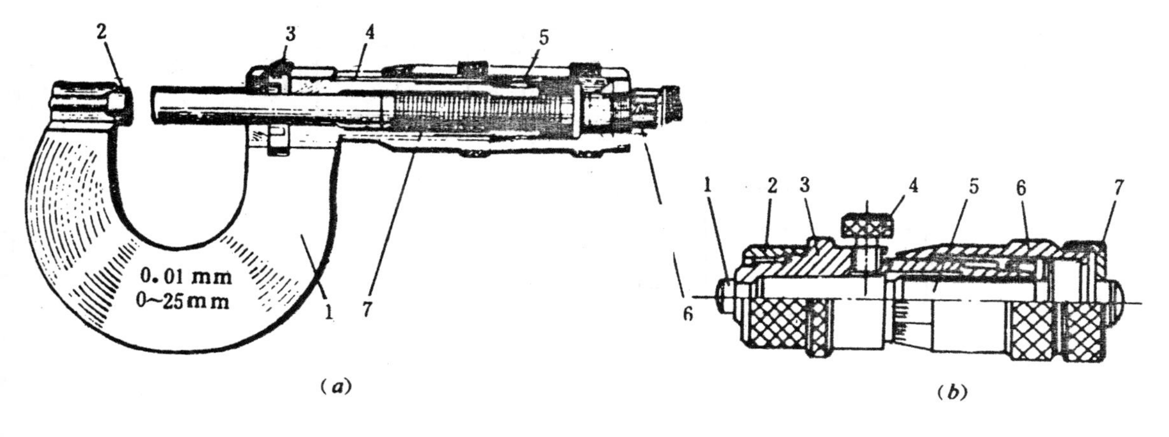

(*a*)　　　　(*b*)

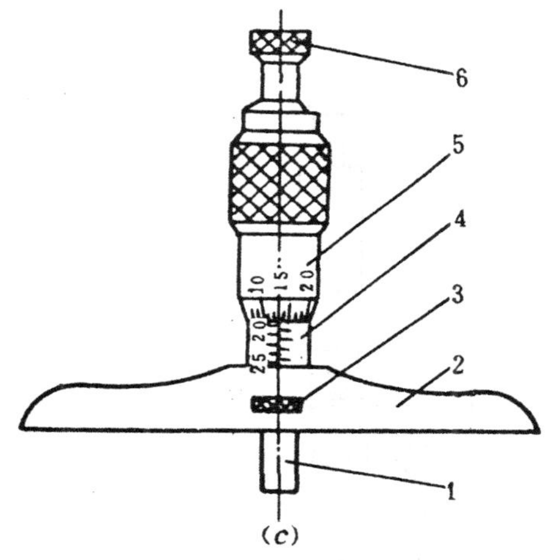

(*c*)

附图 1-7　百分尺

(*a*)—外径百分尺

1—弓架；2—量头；3—螺母；4—套筒；5—微分筒；6—棘轮；7—测微螺杆

(*b*)—内径百分尺

1—量头；2—螺母；3—套筒；4—锁紧螺钉；5—测微螺杆；6—微分筒；7—调节螺母

(*c*)—深度百分尺

1—量杆；2—横尺；3—螺母；4—套筒；5—微分筒；6—棘轮

百分尺的分度值为 0.01mm，测量范围有 0～25mm，25～50mm 等多种。

附图 1-8 和附图 1-9 所示的是数字显示千分尺和数字显示深度千分尺。

1.刻度原理与读数方法

百分尺是利用螺旋的直线位移与角位移成比例的原理进行测量和读数的。如附图 1-10 所示，套筒上刻有上、下两排刻线，同排刻线间距为 1mm，上下两排刻线错开 0.5mm，即与测微丝杠的螺距相等。微分筒刻有 50 等分刻线，当它旋转一周，丝杠位移 0.5mm；转动一格，丝杠移动 0.01mm。所以百分尺的分度值为 0.01mm。读数时，先从套筒上下两排刻度上读出整数和 0.5mm 读数（二者均以微分筒端面作为活动指标线），然后从微分筒上读出 0.5mm 以下的读数（以套筒上的长横线作为指标线）。二者相加即为所测尺寸。附图 1-10(*b*)所示的读数为(8＋0.5＋0.27)mm＝8.77mm。附图 1-10(*a*)所示的读数为(8＋0.27)mm＝8.27mm。

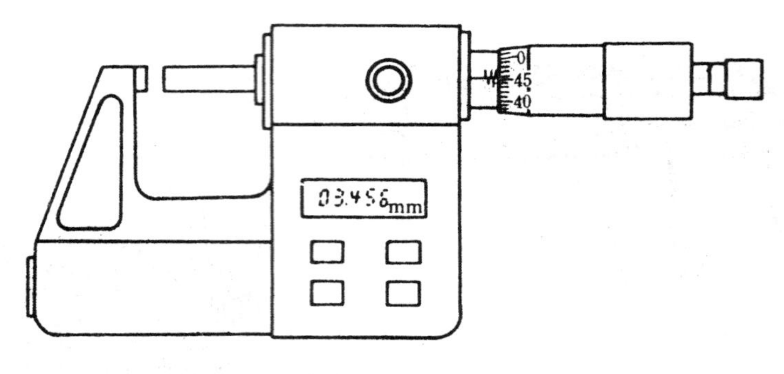

附图 1-8　数字显示千分尺

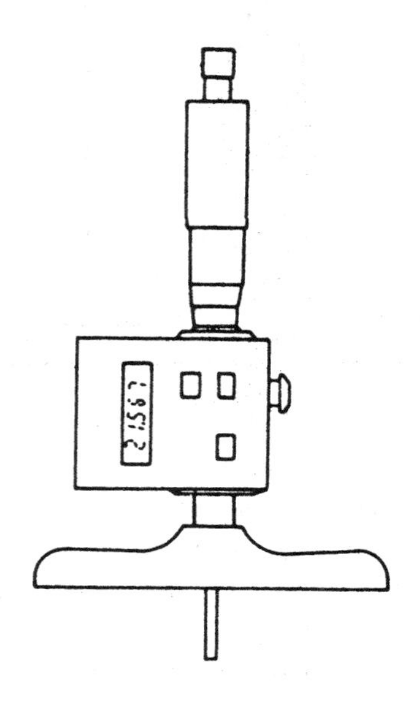

附图 1-9　数字显示深度千分尺

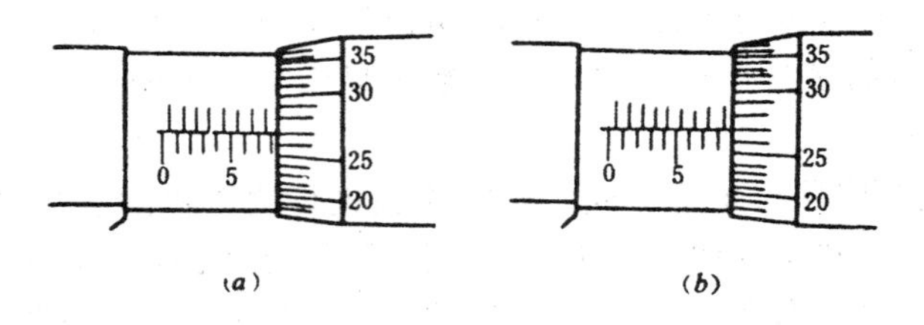

附图 1-10　百分尺读数举例

2. 选择与使用

1)按工件形状、被测部位基本尺寸与公差大小选择百分尺。

2)检查零位读数是否正确。对 0～25mm 的外径百分尺，直接将两测量面合拢来检查。当百分尺测量范围大于 25mm 时，用校对杆或量块校对。内径百分尺用标准环规、装在量块夹中的量块或外径百分尺校对。

3)进行测量。如附图 1-7(a)所示，测量时手持弓架 1，旋转微分筒 5，使测微螺杆 4 前进。当螺杆前端测量面与工件表面接近时，再旋转棘轮定压机构 6 至测量面与工件接触抵紧后，棘轮就会在销子上打滑而发出响声，螺杆也就停止前进，此时便可读数。对指定部位测量三次，取其平均值作为测量结果。

3. 注意事项

1)控制测量力。用百分尺测量时，测量力由棘轮定压机构控制。应在测量面接近工件表面时旋转棘轮，当听到棘轮发出响声后，说明测量面已与工件接触。

2)寻找正确测量部位。例如用内径百分尺测孔径(附图 1-11)时，应将百分尺在孔的横剖面内摆动找最大读数；而在孔的纵剖面内摆动找最小读数。

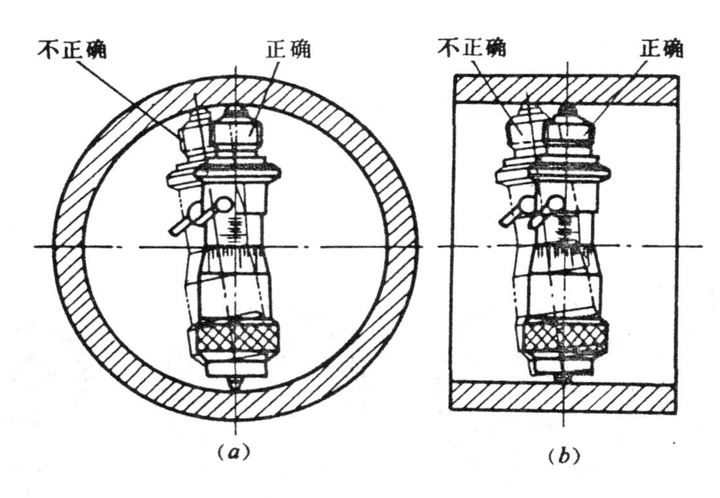

附图 1-11　用内径百分尺测量孔径

(a)—横剖面内；　(b)—纵剖面内

3)读数时切忽漏读 0.5mm。

4)注意保护测量面。

四、指示表

指示表用来测量几何尺寸的微小变动量。把测杆的直线位移通过杠杆或齿轮放大机构变为角位移，在刻度盘上显示出来。

1. 工作原理

1)钟表型百分表外形及传动系统如附图 1-12 所示。当带有齿条的测杆移动时，由齿轮带动指针转动。游丝弹簧保证齿轮正反转时都沿同一齿侧面啮合，以消除空程误差。其放大比按下式计算，

$$K=\frac{2R}{mz_1}\times\frac{z_3}{z_2}=\frac{2\times25}{0.199\times10}\times\frac{100}{16}\approx150$$

取刻线间距 $c=1.5$mm，则分度值 $i=\frac{1.5}{150}$mm$=0.01$mm。

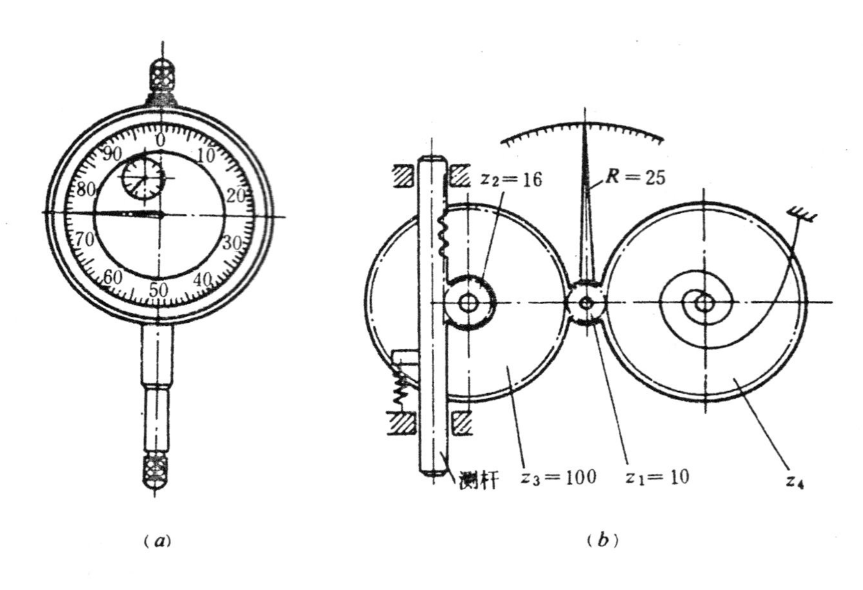

附图 1-12　钟表型百分表

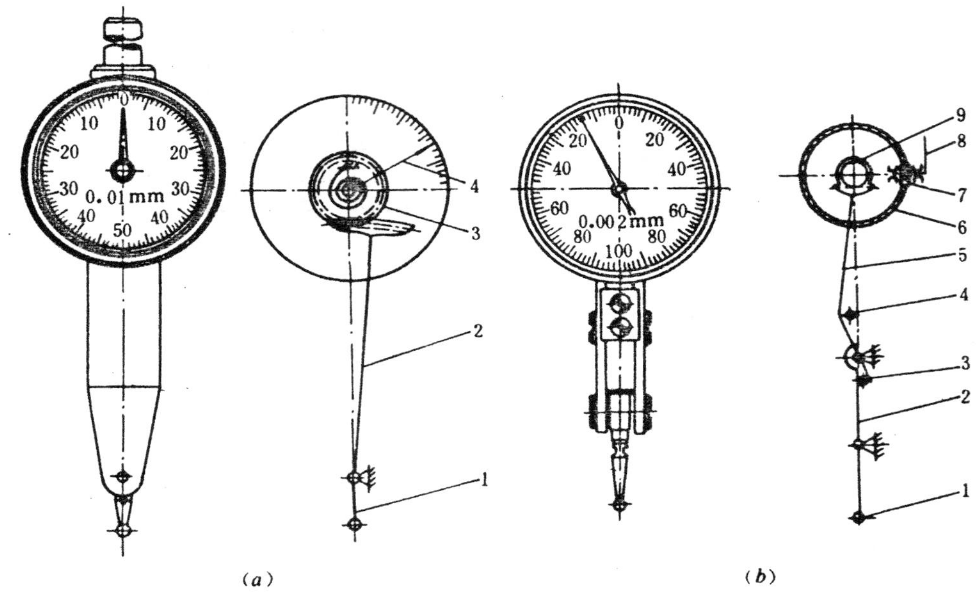

附图 1-13　杠杆表

(a)—杠杆百分表；(b)—杠杆千分表

2)杠杆表如附图 1-13 所示。其体积小，测力小。测头可在一定范围内转动，可在任意方向上进行测量。能够深入到小孔或特殊凹槽内测量。

杠杆百分表外形及传动机构如附图 1-13(*a*)所示。测量头的微位移经杠杆 1 与扇形齿轮 2 传给小齿轮 3 和指针 4，其放大比为 $K=100$。

附图 1-13(*b*)所示的是杠杆千分表的外形和传动系统。

2. 应用

1)测量圆柱形零件的直径

将已知直径的标准圆柱放在V形块中(附图1-14)，安装并调整指示表对零，然后换上被测零件，从指示表上读出偏差Δ，按下式计算被测零件直径D。

$$D=d+\frac{\Delta}{\frac{1}{2}\left(\frac{1}{\sin\frac{\alpha}{2}}+1\right)}$$

当$\alpha=90°$时，

$$D=d+\frac{\Delta}{1.207}$$

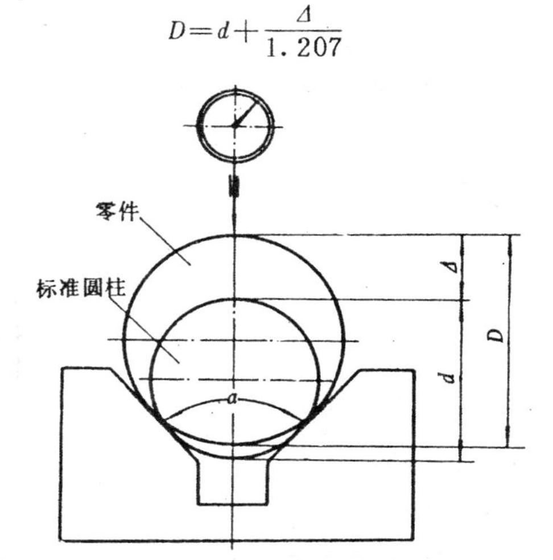

附图1-14　在V形块上用指示表测量外径

2)测量径向圆跳动和端面圆跳动

如附图1-15所示，以表面1为零件回转基准，指示表读数的最大变动量即被测表面2、4或3的被测截面对表面1的径向圆跳动或端面圆跳动。

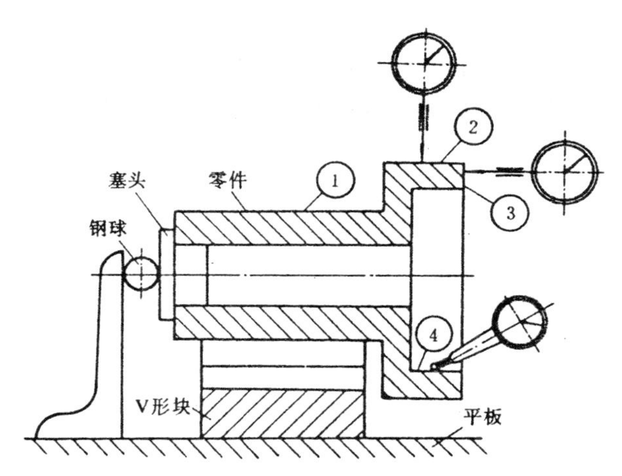

附图1-15　测量径向圆跳动和端面圆跳动

3)测量圆柱表面素线的直线度

等分圆柱面1的素线(不少于5等分，距端面2mm的两端部分不计在内)，并用铅笔作上标记。当指示表测量头位于起始点时，调整指示表读数为零，然后将指示表沿着与素线相平行的方向移动并依次量得各点读数，例如各点读数 Δ_n 分别为 0、25、25、35、60μm。以横坐标代表各点序号 n，纵坐标代表各点读数 Δ，连成附图 1-16 所示的 $abcde$ 折线，在给定平面内作距离为最小的包容实际线的两平行直线，两直线沿坐标方向的距离 f 即代表素线的直线度误差。

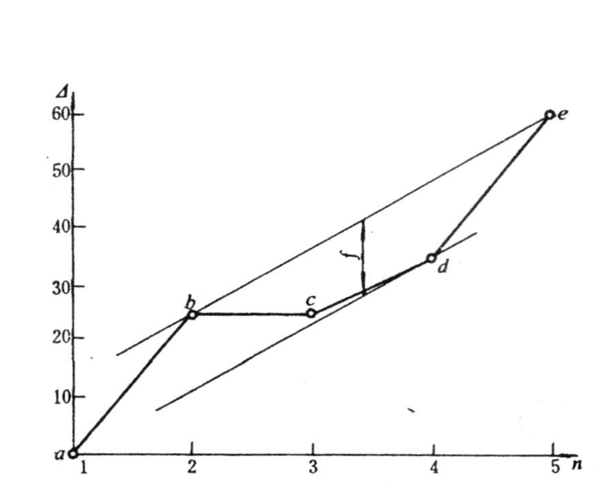

附图 1-16 直线度误差测量结果图解

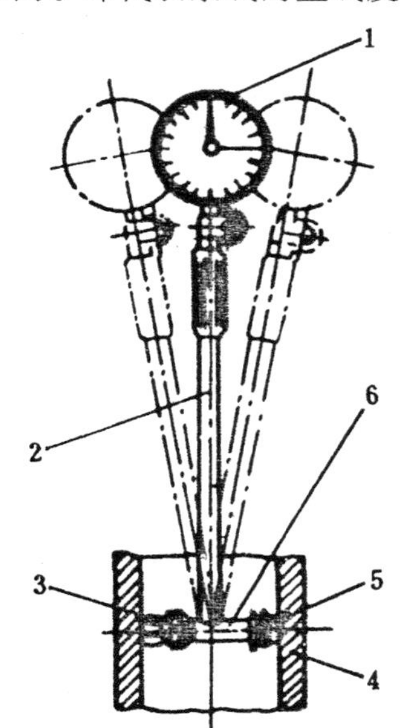

附图 1-17 用内径百分表测量孔径

4)用内径百分表测量孔径(附图 1-17)

按被测孔径的基本尺寸组合量块，再把组合好的量块和专用侧块一起装在量块夹内夹紧，或用外径百分尺的两测量面，构成标准的内尺寸。将内径百分表的测量头放在两侧块之间，上下、左右摆动内径百分表，找到表针的回转点后将刻度盘零点调到此位置。

将内径百分表放入被测孔中，摆动找到最小值，即为被测孔径的偏差。在相互垂直的两个部位，沿轴向方向测几个截面。

4. 注意事项

1)指示表装夹不宜过紧，以防止杆套变形引起测杆卡住。

2)量杆的移动方向与测量方向要一致。对杠杆表，应使杠杆轴线与测量方向垂直。

附录二　几台精密测量仪器简介

70年代以来，随着电子计算机、激光、光栅以及电视摄像等一系列新技术、新成就在计量领域里的广泛应用，几何量测量仪器有了很大发展，测量精度大大提高。例如，双频激光测量系统，位移测量的分辨率可达0.01μm。许多传统仪器的读表及笔式记录装置已由数显管、显示器、打印机及绘图仪所代替。采用光、机、电、计算机一体化综合技术的各种多参数、多功能综合测量仪相继问世。双频激光测量系统、三坐标测量机、圆度仪、表面粗糙度测量仪就是典型代表。

一、双频激光测量系统

双频激光测量系统是现代精密测量中最精密的测量仪器之一。它利用同一激光器发出频率不同的两束光产生干涉而进行测量。其主要部件如附图2-1所示。

1. 型号规格

型号：HP5528A；

激光器真空波长：0.632991μm；

真空波长稳定性：$\pm 2\times 10^{-8}$；

最大测量长度：60m；

最小分辨率：0.01μm；

最大位移速度：300mm/s；

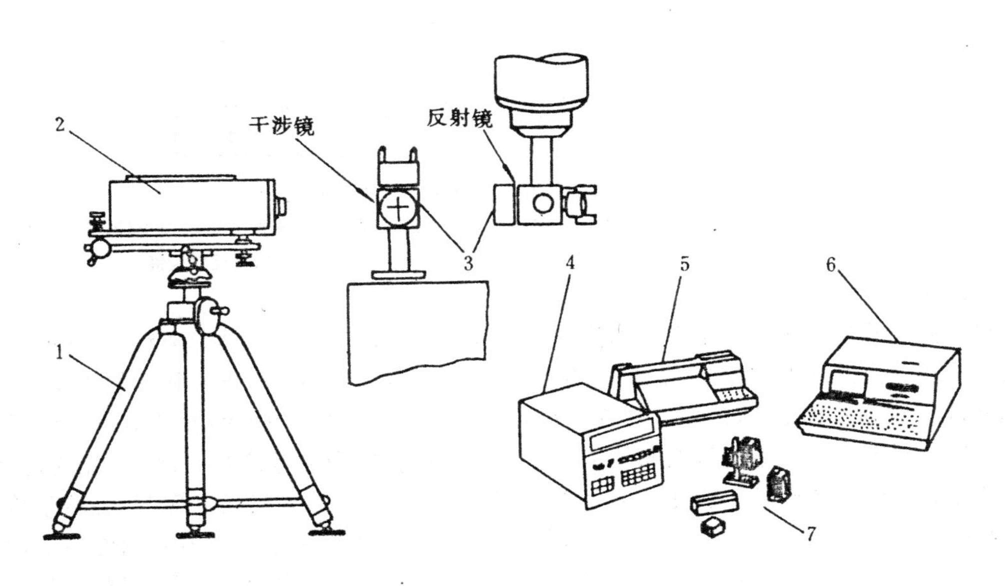

附图2-1　双频激光测量系统

1—三角架；2—激光器；3、7—光学组件；4—显示器；5—绘图仪；6—计算机

测长精度：取决于光速补偿方法和操作温度。当操作温度在20±5℃时，将光速补偿因子从键盘输入，测长精度为$\pm 0.1\times 10^{-6}L$（L——测量长度）。当采用空气传感器作自动补偿时，

测长精度为$\pm 1.5\times 10^{-6}L$。

2. 结构特点

1)三角架1:它支承着激光器,并可调整激光器位置。

2)激光器2:它产生和输出双频激光。

3)光学组件3、7:它由干涉镜和反射镜组成,分为测距离、测角度、测直线度三组。

4)空气传感器和材料温度传感器(附图2-1中未示出):它分别把测量得到的环境的空气温度、湿度、大气压和工件材料温度自动输入到测量显示器。

5)测量显示器4:它为激光器提供电源;接收来自传感器的信息,计算光速补偿因子,补偿因子用于补偿测量环境温度、湿度和大气压力偏离标准量和工件材料温度变化带入的误差;将来自激光器的信息转换为长度或角度单位的数字量;为激光测量仪的操作提供控制和显示接口,显示测量数据;为计算机和绘图仪提供接口。

6)尺寸度量分析系统:它包括计算机6、软件以及绘图仪5等。用以采集、分析、贮存测量数据,显示测量结果,绘制误差曲线图。

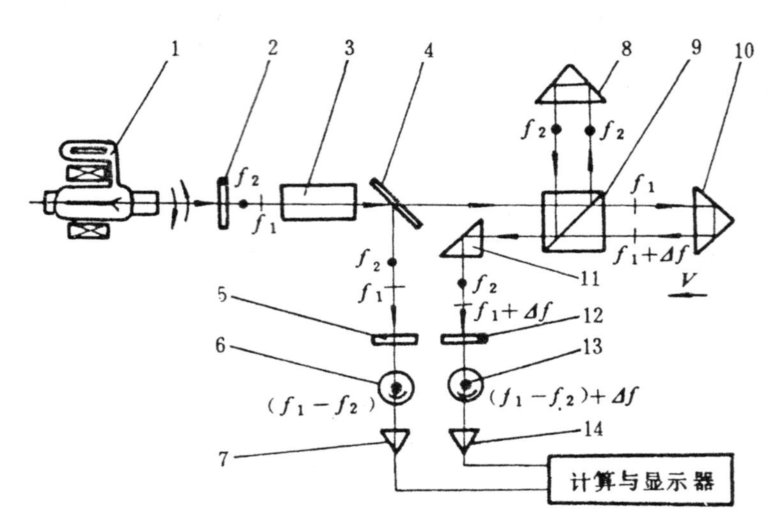

附图2-2 双频激光测量系统的光学系统

1—激光器;2—波片;3—光束扩展器;4—反射镜;5、12—检偏器;6、13—光电管;7、14—前置放大器;8—参考镜;9—偏振光棱镜;10—测量镜;11—反射棱镜

3. 测量原理

双频激光测量系统的光学系统如附图2-2所示。激光器1输出的光束经$\lambda/4$波片2后成为两束互相垂直的线性偏振光f_1和f_2,然后,经准直光管3扩束后,投射到反射镜4上。光束一部分被反射到检偏器5,在光电管6上得到频差$f_1-f_2=1.5$MHz的参考信号;另一部分通过反射镜4射向干涉计中的偏振光棱镜9上。f_2光被反射到参考镜8上,而f_1光通过分光面射向测量镜10。两路光束各自被反射后又返回到分光面会合后射入光电管13,当测量镜10没有移动时,就得到一个频率为f_1-f_2的电信号。测量时,因测量镜要随着被测件移动,因此光电管13上接收的信号频率变为$(f_1-f_2)+\Delta f$。从光电管6和13上得到的参考信号和测量信号进入测量显示器进行比较和计算,由于长度的变化而引起频率变化Δf,故被测距离的累积脉冲数为:

$$N=\int_0 \Delta f \mathrm{d}t=\int_0 \frac{2V}{C} f_1 \mathrm{d}t$$

将 $C=\lambda f_1, V=\frac{\mathrm{d}L}{\mathrm{d}t}$代入上式，得

$$N=\int_0 \frac{2}{\lambda} \mathrm{d}L=\frac{2}{\lambda}\int_0 \mathrm{d}L=\frac{2}{\lambda}L$$

因而

$$L=N\frac{\lambda}{2}$$

式中，V——测量镜 10 的移动速度；C——光速；λ——激光波长。再进行有理化处理，变成具有长度单位当量的脉冲数，最后显示出被测长度值。

4. 应用

双频激光干涉仪因测量速度快，信号抗干扰能力强，测量精度高，被广泛用于精密测长和精密定位，以及检定光栅尺的精度和精密仪器、精密机床的几何精度等。它是机器制造中大尺寸测量的理想仪器。常用来检定坐标测量机各轴的示值误差、导轨的直线度、垂直度、角位移等。

二、三坐标测量机

三坐标测量机是综合利用精密机械、微电子、光栅和激光干涉等先进技术的测量仪器。利用 x、y、z 三个相互垂直的坐标轴，组成三维参考系，在各导轨上装有自动发信号的位移测量系统，检测元件一般用反射式金属光栅尺。装在 z 轴上的三维电子探头，可在空间各方向对复杂零件如箱体、模具、外壳，发动机零件的尺寸、形状和相互位置，进行高精度和高效率的测量。而且可通过计算机实现整个测量过程和数据处理的程序化。其测量精度高、通用性好，被广泛用于机械制造、电子工业、汽车工业、航空及国防工业等。F604 型三坐标测量机的外形如附图 2-3 所示。

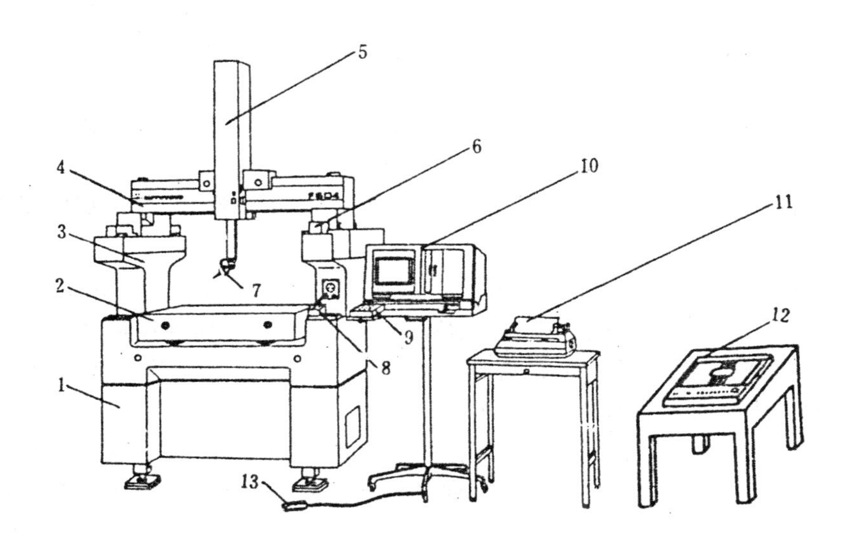

附图 2-3　三坐标测量机

1—底座；2—工作台；3—立柱；4、5、6—导轨；7—测头；8—驱动开关；9—键盘；10—计算机；11—打印机；12—绘图仪；13—脚开关

1. 型号规格

型号：F604；

测量范围：$x=600\text{mm}$，$y=450\text{mm}$，$z=300\text{mm}$；

分辨率：1μm；

测量精度：单轴$\left(3+\frac{3L}{1000}\right)\mu\text{m}$　（L——测量长度）；

重复性：$\sigma=1\mu\text{m}$。

2. 结构特点

测量机主要由主体（包括底座1、工作台2、立柱3、导轨4、5、6、驱动系统8和测量系统）、测量头7、计算机及软件10、打印机11、绘图仪12等组成。其特点是：

1）x、y、z三条导轨组成桥式结构。采用空气静压导轨，当供气压力保持恒定时，在导轨面间形成的气垫间隙保持不变，导轨运动时几乎无摩擦，轻便灵活且稳定性好，导向精度高。

2）x、y轴用机动微调，当锁紧x、y轴后，按下驱动开关8，马达就会驱动丝杠转动。x、y轴可分别以快（0.26mm/min）、慢（0.013mm/min）两挡速度移动，z轴用手动微调。

3）采用光栅式测量系统，反射式金属光栅尺，直接用螺钉固定在测量机的导轨上。

4）花岗石工作台稳定性和抗振性好，不易变形。

5）测量数据可通过键盘、脚踏开关输入和用三维电子触发式探头输入。探头径向测力（0.15～0.20）N，轴向测力0.60N。

6）工件的定位比较方便，可通过对工件的基准边、基准孔或几个参考点进行测量后，由计算机确定工件的坐标系。在测量过程中，计算机可以自动地把每个测量点的数据由机器坐标转换成工件坐标。

7）计算机可通过软件来补偿测量头半径并完成多种几何运算和测量数据处理。

8）由于采用“学习程序”，在测量成批零件时，按照第一个工件的测量操作次序，把测量的程序记忆贮存起来。在测量第二个及以后工件时，由计算机自动地连续顺序执行程序，而不必操作键盘，这可大大提高测量效率。

9）测量机附有中心显微镜，可进行非接触测量。备有多种机械式测量头，用于测量轮廓形状。

10）由计算机屏幕显示，并由打印机打印测量结果，由绘图仪绘出轮廓截面图形。

3. 测量原理

三坐标测量机所采用的标准器是光栅尺。反射式金属光栅尺固定在导轨上，读数头（指示光栅）与其保持一定间隙安装在滑架上，当读数头随滑架沿着导轨连续运动时，由于光栅所产生的莫尔条纹的明暗变化，经光电元件接收，将测量位移所得的光信号转换成周期变化的电信号，经电路放大、整形、细分处理成计数脉冲，最后显示出数字量。当探头移到空间的某个点位置时，计算机屏幕上立即显示出x、y、z方向的坐标值。测量时，当三维探头与工件接触的瞬间，测量头向坐标测量机发出采样脉冲，锁存此时的球测量头球心的坐标。对表面进行几次测量，即可求得其空间坐标方程，确定工件的尺寸和形状。

4. 应用

三坐标测量机测量工件时，工件不需精确调整和找正，由计算机自动进行坐标变换并对测量数据进行多种处理，所以能高效而方便地完成各种复杂零、部件的测量任务，应用十分广泛。附图2-4和附图2-5所示的为一部分测量实例。

1)测量坐标尺寸和空间角度,如附图 2-4 所示。
2)测量轮廓形状,如附图 2-5 所示。

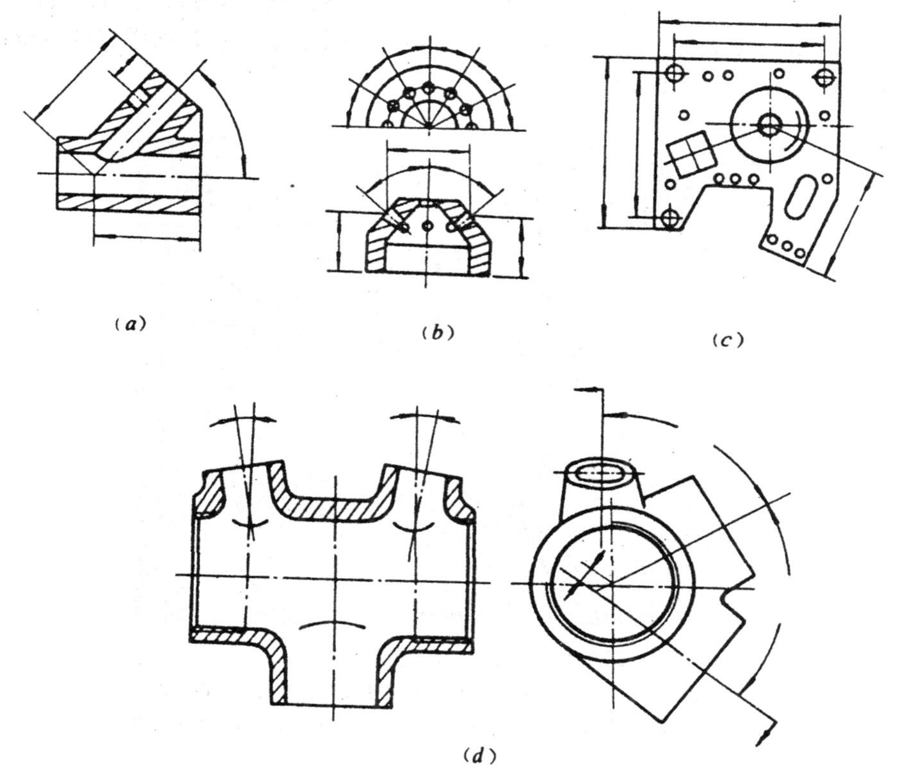

附图 2-4　测量实例之一

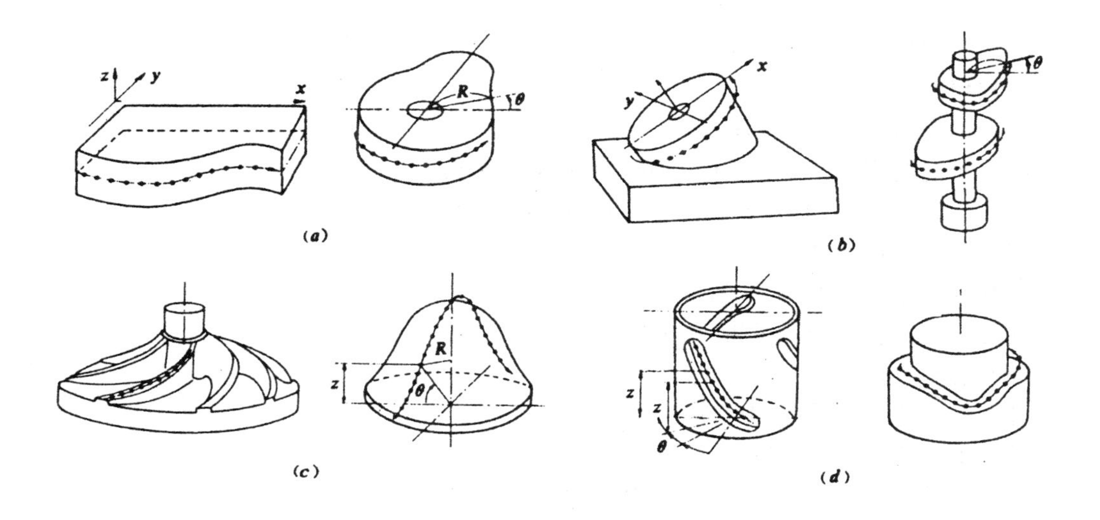

附图 2-5　测量实例之二

三、圆度仪

圆度仪具有精密轴系，根据回转方式分为转轴式（传感器回转）和转台式（工作台回转）两种。测量数据由计算机自动处理。它是测量圆度误差的高精度仪器。泰勒森塔（Talycenta）圆度仪是转台式结构，其外形如附图 2-6 所示。

附图 2-6　泰勒森塔圆度仪

1—底座；2—主轴和工作台；3—传感器；4—直线度组件；5—计算机；6—电子单元；7—极性和线性记录器；8—打印机；9—主轴回转开关；10—控制台；11—油泵开关

1. 型号规格

型号：Talycenta；

可测工件最大直径：400mm；

可测工件最大高度：520mm；

主轴精度：

　　轴向精度：0.075μm；

　　径向精度：±0.05μm+0.3μm/m（对集中负荷）；

　　　　　　　±0.05μm+0.5μm/m（对偏心负荷）；

工作台自动定心精度：0.25μm；

工作台调水平精度：0.13″；

工作台机动精确定心范围：±0.25mm；

工作台机动倾斜范围：±10′；

工作台最大承载重量：100kg；

立柱倾斜调整量：±5′；

测直线度系统精度：±0.2μm 以内（500mm 范围）。

2. 结构特点

1）基本组件：包括底座 1、主轴和工作台 2、传感器 3 和油压系统等。

2）500mm 直线度组件 4：包括立柱和导轨。

3)电子组件：有计算机 5、电子单元 6、极性和线性记录器 7、打印机 8、控制台 10 及服务组件等。

仪器具有以下特点：

1)主轴的制造精度和装配精度很高；

2)油压升起后，主轴在静压轴承中转动，带动工作台回转，测量时传感器位置固定，始终保持与工件被测表面接触；

3)旋转工作台配有用电动机驱动的定心和调水平装置，通过它可自动地将工件的中心尽可能地调到与主轴回转中心一致，消除工件的安装偏心和倾斜；

4)传感器可根据需要在导轨上自动升降；

5)测量时，由主轴上的光学脉冲发生器发出整个系统的基本旋转时序及同步信号；

6)计算机可按四种评定基准计算圆度误差，测量结果和图形可在屏幕上显示，并用记录器记录，同时也可用打印机打印。

3. 测量原理

用圆度仪测量圆度误差的方法为轴心基准法。测量时，传感器触针与工件接触，且位置固定；被测工件置于工作台上随主轴旋转，精密主轴旋转一周所形成的圆与被测工件的实际轮廓相比较；传感器把触针的径向位移转换为电信号，经电子单元放大、滤波送入计算机；最后计算机分别按四种方法(最小区域法、最小外接圆法、最大内切圆法、最小二乘圆法)进行运算处理，求出圆度误差。

这种测量方法的精度主要取决于轴系的回转精度。仪器带有半球形玻璃标准圆度样板球，供校对用。

4. 应用

广泛用于测量精密机床主轴轴颈和精密零、部件的圆度、圆柱度、同轴度、素线直线度、平行度等。

四、表面粗糙度测量仪

表面粗糙度测量仪有接触式和非接触式两种。接触式测量仪的特点是：测量稳定可靠，仪器结构紧凑，适合于车间条件下使用，是测量微观几何形貌的常用仪器之一。泰勒索夫(Talysurf)5 型接触式表面粗糙度测量仪，其外形如附图 2-7 所示。

1. 型号规格

型号：Talysurf 5P—120

传感器可升最大高度：340mm；

驱动箱最大驱动长度：120mm；

传感器滑行速度：1mm/s；

传感器触针针尖宽度：2μm；

针尖压力：0.10N；

放大倍数：100～200000 倍，共 11 档；

分辨率：0.001μm；

记录器水平放大比：20、50 和 100 倍；

可测参数

幅度参数：R_a、R_q、R_{max}、R_t、R_{tm}、R_z、R_p；

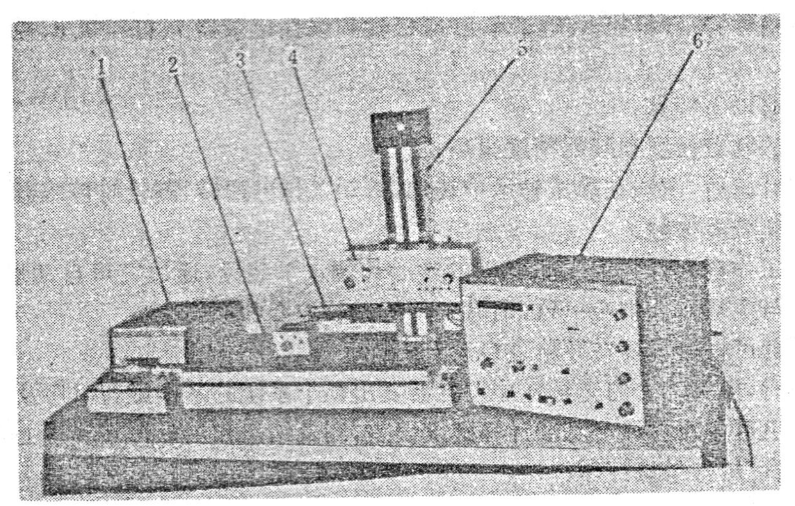

附图 2-7　泰勒索夫表面粗糙度测量仪

1—记录器；2—工作台；3—传感器；4—驱动箱；5—立柱；6—信息处理机

间距参数：HSC；

混合参数：t_P、Δ_a、Δ_a。

2. 结构特点

1)基座：包括工作台 2(其上有 T 型槽)，用于放置工件的 V 形块和带丝杆的立柱 5。

2)驱动箱 4：用于驱动传感器触针在被测表面滑行，其上标有测量参数和记录曲线的水平放大倍数 V_h 为×2、×5、×20、×50、×100。

3)传感器 3：插装在驱动箱左下方。除标准传感器外，仪器尚附有小孔、凹槽、低倍、高倍、刀刃等传感器，以满足测量时的不同需要。

4)信息处理机 6：它能处理测量数据，显示测量结果。

5)记录器 1：当测量信号输入记录器后，记录笔按所选放大倍数记录曲线。

仪器还附有测量圆弧面、球面、曲面、台阶高度等附件。

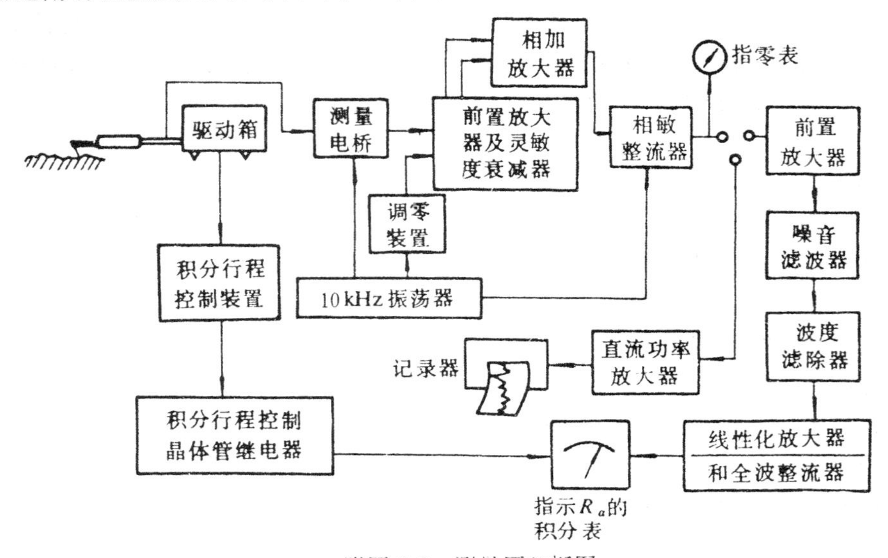

附图 2-8　测量原理框图

3. 测量原理：附图 2-8 所示的是仪器测量原理框图。当传感器触针沿被测工件表面匀速滑行时，工件表面的微观不平度使触针上下移动，从而带动磁芯运动，使接入电桥两臂的两个电感线圈的电感发生变化。测量电桥把触针的位移变成电信号，一路加到指零表控制指针位置；另一路经放大，滤波加到积分表，对表面轮廓信号进行积分。当传感器走完一个测量长度后，控制装置便使它停止移动，被测参数立即被显示出来或由记录器画出曲线。

4. 应用

泰勒索夫 5 型表面粗糙度测量仪是较先进的多功能测量系统，能够分别或综合测量表征粗糙度和波度的十多个参数。该系统配有测量回转体表面、圆弧面、球表面的附件和用于直线度测量的线性移动气浮工作台以及各种传感器等。采用不同的传感器能够测量小孔、凹槽、刀刃、凸肩、曲轴、精细表面、粗糙表面等的表面粗糙度。

五、SRAT—1 型表面粗糙度自动测量分析仪

SRAT—1 型表面粗糙度自动测量分析仪是由华中理工大学研制的，以后与中国科学院科学仪器厂联合开发的一种对制件表面形貌进行测量分析的仪器，适于研究制件的表面粗糙度，制件表面的加工质量，制件间的摩擦、磨损、润滑性以及材料外部的微变形等。该仪器有 2D—SRAT—1 和 3D—SRAT—1 两种型号，是触针式测量系统。垂直方向的量程为 100μm，分辨率为 0.005μm，测量面积为 30×30mm，最小间距为 1.25μm。

2D—SRAT—1 型二维表面粗糙度测量分析仪可测量 R_a、R_z、S_k、S、S_m、T_p、R_p、R_v、R_q、R_k、E、Δ_a 和 Δ_q 等参数，并能绘制轮廓曲线图和艾伯特支承曲线图。

3D—SRAT—1 型三维表面粗糙度测量分析仪不仅具有上述二维测量仪的所有功能，还可进行三维形貌测量，绘制三维形貌图，等高图，局部区域放大图，三维艾伯特支承曲线，并计算三维表面粗糙度评定参数 SR_a、SR_p、SR_z、SR_v、SR_{ma}、SR_q、ST_p、SN_p 等。

六、磁盘表面粗糙度非接触测量仪

DRN1 型磁盘表面粗糙度非接触测量仪由华中理工大学于 1990 年研制成功。

DRN1 测量仪由外差干涉式光针测量系统、自动调焦系统、光电转换与信号处理系统，精密测量工作台及其驱动系统、底座、立柱、电气控制柜与隔振机座及全配置的 IBM—PC/AT286 微机系统及功能齐全的软件等组成。

该仪器主要用于测量磁盘表面粗糙度，可测 R_a、R_z、R_y、R_p、R_v、R_q、R_k、S、S_m、Δ_a、Δ_q、E 及 t_p 等参数，并可绘制表面粗糙度轮廓曲线及表面支承曲率线。

仪器采用先进的光外差调制原理实现对表面的非接触测量。操作方便，盘片装夹采用自动定心夹紧机构；测量时，按光针信号实现自动调焦。系统由 IBM-PC/AT286 和 8031 单片机两级分布式控制，实现自动测量和实时处理，测量结果自动显示、存盘和打印。仪器的精度高，能测 $R_a \leqslant 0.01\mu m$ 的表面粗糙度。

参 考 文 献

〔1〕姚彩仙、徐振高主编.互换性与测量技术基础实验指导书.武汉:华中理工大学印刷厂,1985.
〔2〕范德梁主编.互换性与测量技术基础实验.北京:机械工业出版社,1988.
〔3〕李柱,席宏卓,谢铁邦主编.互换性与技术测量.武汉:华中理工大学出版社,1988.
〔4〕花国梁主编.精密测量技术.北京:清华大学出版社,1986.
〔5〕重庆大学公差、刀具教研室编.互换性与技术测量实验指导书.北京:中国计量出版社,1986.

实 验 报 告

实验 1-1　用比较仪测量长度

仪器名称及规格：______________________________

零件基本尺寸及极限偏差：______________　量块组合尺寸：______________

（一）测量零件的尺寸偏差，确定零件实际尺寸变动范围：

零件序号	1	2	3	4	5	6	7	8	9	10
测得偏差/μm										

零件实际尺寸变动范围：

（二）重复 10 次测量一个零件同一部位的尺寸，计算测量误差：

序号	测得实际尺寸 x_i / mm	剩余误差 $v_i = x_i - \bar{x}$ / μm	v_i^2 / μm^2	
1				1. 测量结果的标准偏差 $s = \sqrt{\frac{\sum v_i^2}{(n-1)}}$ =
2				
3				2. 算术平均值的标准偏差 $\sigma_{\bar{x}} \approx \frac{s}{\sqrt{n}}$ =
4				
5				
6				3. 测量结果 $d = \bar{x} \pm 3\sigma_{\bar{x}}$ =
7				
8				
9				
10				
	$\bar{x}$=	$\sum v_i$=	$\sum v_i^2$=	

心得体会：

______年______月______日　　　　　　　　指导教师______

实验 1-2　用卧式测长仪测量内孔直径

仪器规格：____________________

被测零件基本尺寸及偏差____________________mm

标准圆环直径 $d=$____________________mm

<table>
<tr><td rowspan="5">测量原理图</td><td colspan="4">测量读数及其处理/mm</td></tr>
<tr><td>测量部位</td><td>第一次读数 H_1</td><td>第二次读数 H_2</td><td>$D=(H_2-H_1)+d$</td></tr>
<tr><td>Ⅰ — Ⅰ</td><td></td><td></td><td></td></tr>
<tr><td>Ⅱ — Ⅱ</td><td></td><td></td><td></td></tr>
<tr><td colspan="4">结论</td></tr>
</table>

误差分析与心得体会：

______年____月____日　　　　指导教师______

实验 1-3　用万能测量显微镜测量孔距

仪器规格：____

被测零件基本尺寸及偏差____mm

光学灵敏杠杆测头直径 $d=$____mm

<table>
<tr><td rowspan="8">测量简图</td><td colspan="4">测量读数及其处理/mm</td></tr>
<tr><td>被测部位</td><td>X(纵向)</td><td>Y(横向)</td><td>孔径</td></tr>
<tr><td rowspan="2">孔 H_1</td><td>$A_1=$</td><td>$B_1=$</td><td rowspan="2">$D_{h1}=(A_2-A_1)+d=$
$D_{h1}=(B_2-B_1)+d=$</td></tr>
<tr><td>$A_2=$</td><td>$B_2=$</td></tr>
<tr><td rowspan="2">孔 H_2</td><td>$A_3=$</td><td>$B_3=$</td><td rowspan="2">$D_{h2}=(A_4-A_3)+d=$
$D_{h2}=(B_4-B_3)+d=$</td></tr>
<tr><td>$A_4=$</td><td>$B_4=$</td></tr>
<tr><td colspan="2">孔 H_1 的中心坐标</td><td colspan="2">$X_1=\frac{A_1+A_2}{2}=$
$Y_1=\frac{B_1+B_2}{2}=$</td></tr>
<tr><td colspan="2">孔 H_2 的中心坐标</td><td colspan="2">$X_2=\frac{A_3+A_4}{2}=$
$Y_2=\frac{B_3+B_4}{2}=$</td></tr>
<tr><td>被测孔 H_1 和 H_2 的中心距 L</td><td colspan="4">$L=\sqrt{(X_2-X_1)^2-(Y_2-Y_1)^2}=$</td></tr>
</table>

结论：

误差分析与实验心得：

______年____月____日　　　　　　　　　　　　　　　　　　　　指导教师______

实验 2-1　导轨直线度误差测量

仪器名称及规格：________________________________

桥板跨距 $L=$ ____________ mm；实际分度值 $i'=$ ____________ μm

测量结果：

序　　号	0	1	2	3	4	5	6	7	8	9	10	11	12
原始读数													
相 对 值													
累 积 值													

图解及分析：

导轨直线度公差：	适用性结论：
实测导轨直线度误差：	

______年____月____日　　　　　　　　　　　　指导教师______

实验 2-2　平面度误差测量

仪器名称及规格：____

桥板跨距 $L=$____________________；分度值 $i=$____________________；

被测平面大小及精度要求：__________________________________；

平面度公差：____

测点的布置示意图：

测量数据：

数据处理：

平面度误差：
适用性结论：

______年____月____日　　　　　　　　　　　　　　　　　　　　指导教师______

实验 2-3　圆度误差的测量

仪器名称及规格：________________

测量数据及其处理：

i	$\theta_i/(°)$	$r_i/\mu m$	$\sin\theta_i$	$\cos\theta_i$	$r_i\sin\theta_i$	$r_i\cos\theta_i$	$b\sin\theta_i$	$a\cos\theta_i$	ΔR_i
1									
2									
3									
4									
5									
6									
7									
8									
9									
10									
11									
12									

(一)用最小二乘法计算圆度误差

$$a=\frac{2}{n}\sum_{i=1}^{n}r_i\cos\theta_i=$$

$$b=\frac{2}{n}\sum_{i=1}^{n}r_i\sin\theta_i=$$

$$R=\frac{1}{n}\sum_{i=1}^{n}r_i=$$

$$\Delta R_i=r_i-(R+a\cos\theta_i+b\sin\theta_i)$$

$$f=\max\{\Delta R_i\}-\min\{\Delta R_i\}=$$

（二）用最小区域法评定圆度误差

（三）谐波分析（计算并绘出谐波分量简图）

误差分析：

______年____月____日　　　　　　　　　　　　　　　　　　指导教师______

实验 2-4　轴的位置误差测量

测量器具：______

测量简图：

测量结果：

测量项目		基本尺寸与极限偏差/mm	实际尺寸 mm	测量项目	公差 μm	测得误差 μm
直径	d_1			径向圆跳动		
	d_2			端面圆跳动		
	d_3			内孔圆跳动		
	d_4			键槽对称度		

适用性结论：

______年____月____日　　　　指导教师______

实验 2-5　箱体位置误差测量

测量器具：____

测量简图：

测量结果：

测量项目	平行度	端面圆跳动	内孔全跳动	垂直度	对称度	同轴度	位置度
公差/μm							
测得误差/μm							
合格性							

计算公式：

$$f_{/\!/}=\frac{L_1}{L_2}|M_a-M_b|$$

L_1 __________ mm　　M_a __________ μm

L_2 __________ mm　　M_b __________ μm

______年____月____日　　　　指导教师______

实验 3-1　用双管显微镜测量表面粗糙度

仪器型号及规格：____________________

仪器测量范围：____________________

被测零件要求表面粗糙度 R_z=____________________μm

所选用物镜放大倍数：__________；系数 E=__________。

测量结果：

读数（格）				实测 R_z/μm
五个峰点		五个谷点		
h_1		h_2		$R_z=E\dfrac{\sum h_{峰}-\sum h_{谷}}{5}$ =
h_3		h_4		
h_5		h_6		
h_7		h_8		
h_9		h_{10}		
$\sum h_{峰}$		$\sum h_{谷}$		
适用性结论：				

误差分析与心得体会：

______年____月____日　　　　　　　　指导教师______

实验 3-2　用干涉显微镜测量表面粗糙度

仪器型号及规格：________________

被测零件要求表面粗糙度 R_z= ________________ μm

光波波长 λ= ________________

测量结果：

<table>
<tr><td colspan="5">读　　　数(格)</td></tr>
<tr><td colspan="2">五个峰点</td><td colspan="2">五个谷点</td><td>相邻干涉带距离 a</td></tr>
<tr><td>h_1</td><td></td><td>h_2</td><td></td><td rowspan="6">a_1=
a_2=
a_3=
$a_{平均}$=</td></tr>
<tr><td>h_3</td><td></td><td>h_4</td><td></td></tr>
<tr><td>h_5</td><td></td><td>h_6</td><td></td></tr>
<tr><td>h_7</td><td></td><td>h_8</td><td></td></tr>
<tr><td>h_9</td><td></td><td>h_{10}</td><td></td></tr>
<tr><td>$\sum h_{峰}$</td><td></td><td>$\sum h_{谷}$</td><td></td></tr>
<tr><td colspan="5">实测 $R_z=\frac{\sum h_{峰}-\sum h_{谷}}{5}\times\frac{1}{a_{平均}}\times\frac{\lambda}{2}=$　　　　μm</td></tr>
<tr><td colspan="5">适用性结论：</td></tr>
</table>

误差分析与心得体会：

______年____月____日　　　　　　　　　　　　　　　指导教师______

实验 3-3　用电动轮廓仪测量表面粗糙度

仪器型号及规格：______________________________

被测零件表面粗糙度 R_a= ______________________________ μm

测量方式：______________________________；

放大倍数：______________；切除长度：______________________________

测量结果：

测量序号	实测 R_a/μm	平均值	适用性结论
1			
2			
3			
4			

记录图形及其数据处理：

______年____月____日　　　　　　　　　　　　　　指导教师______

实验 4-1 用正弦尺测量锥度

量具名称及规格：______________________________

被测零件锥度：____________；量块尺寸组合 $h=$____________；

锥度极限偏差：____________；锥角极限偏差：____________

测量结果：

<table>
<tr><th>测量简图</th><th colspan="2">读数/μm</th><th>计算公式</th></tr>
<tr><td rowspan="5"></td><td>在 a 点(大端)</td><td></td><td rowspan="4">$\Delta c=\frac{\Delta h}{l}(\text{rad})$
$\Delta\alpha=\Delta c\times 2\times 10^5('')$</td></tr>
<tr><td>在 b 点(小端)</td><td></td></tr>
<tr><td>a,b 两点读数差 Δh</td><td></td></tr>
<tr><td>锥度实际偏差 Δc</td><td></td></tr>
<tr><td>锥角实际偏差 $\Delta\alpha$</td><td></td><td>结论</td></tr>
</table>

误差分析与心得体会：

______年____月____日　　　　　　　　指导教师______

实验 5-1　用工具显微镜测量螺纹

仪器名称及规格：________________

被测螺纹的技术数据及要求：

螺距 $P=$________ mm；　　中径 $d_2=$________ mm；

半角 $\frac{\alpha}{2}=$________ (°)

测量结果：

<table>
<tr><td>被测参数</td><td colspan="4">序　　号</td><td colspan="2"></td></tr>
<tr><td rowspan="4">螺距 P</td><td colspan="4">读　　数</td><td colspan="2"></td></tr>
<tr><td colspan="4">实测螺距 $P_{实测}$/mm</td><td colspan="2"></td></tr>
<tr><td colspan="4">螺距误差 ΔP/μm</td><td colspan="2"></td></tr>
<tr><td colspan="4">螺距累积误差 ΔP_{Σ}/μm</td><td colspan="2"></td></tr>
<tr><td rowspan="4">中径 d_2</td><td colspan="4">左侧中径 $d_{2左}$/mm</td><td></td><td rowspan="8">测量简图：</td></tr>
<tr><td colspan="4">右侧中径 $d_{2右}$/mm</td><td></td></tr>
<tr><td colspan="4">实测中径 $d_{2实测}$/mm</td><td></td></tr>
<tr><td colspan="4">中径误差 Δd_2/μm</td><td></td></tr>
<tr><td rowspan="4">半角 $\frac{\alpha}{2}$</td><td rowspan="2">$\left(\frac{\alpha}{2}\right)_{右}$</td><td>$\left(\frac{\alpha}{2}\right)_{\mathrm{I}}$</td><td></td><td rowspan="2">$\Delta\left(\frac{\alpha}{2}\right)_{右}/(')$</td><td rowspan="2"></td></tr>
<tr><td>$\left(\frac{\alpha}{2}\right)_{\mathrm{II}}$</td><td></td></tr>
<tr><td rowspan="2">$\left(\frac{\alpha}{2}\right)_{左}$</td><td>$\left(\frac{\alpha}{2}\right)_{\mathrm{I}}$</td><td></td><td rowspan="2">$\Delta\left(\frac{\alpha}{2}\right)_{左}/(')$</td><td rowspan="2"></td></tr>
<tr><td>$\left(\frac{\alpha}{2}\right)_{\mathrm{II}}$</td><td></td></tr>
</table>

结论：

_____年____月____日　　　　　　　　　　　　　　　　指导教师______

实验 5-2　用三针法测量螺纹中径

仪器名称及规格：________________

被测螺纹的技术数据和要求：

顶径 $d=$________ mm；　中径 $d_2=$________ mm；

螺距 $P=$________ mm；　半角 $\frac{\alpha}{2}=$________（ °）；

最佳三针直径 $d_{0j}=$________ mm；　实际选用三针直径 $d_0=$________ mm

测量原理图：

计算公式：

中径 $d_2=M-d_0\left(1+\frac{1}{\sin\frac{\alpha}{2}}\right)+\frac{P\mathrm{ctg}\frac{\alpha}{2}}{2}$

对公制螺纹，$\frac{\alpha}{2}=30°$

$d_2=M-3d_0+0.866P$

最佳三针直径 $d_{0j}=\frac{P}{2\cos\frac{\alpha}{2}}$

对公制螺纹 $d_{0j}=0.577P$

测量结果：

零位读数 A_1/mm	装上工件后的读数 A_2/mm	测得值 $M=A_2-A_1$/mm
被测螺纹 极限中径		
螺纹实际中径		

适用性结论：

______年____月____日　　　　指导教师______

实验 6-1　齿圈径向跳动测量

仪器名称及规格					
被测齿轮参数	模数 m	齿数 z	齿形角 α	变位系数 ξ	精度等级及齿侧间隙

测量结果：

齿序	读数	齿序	读数	齿序	读数	齿序	读数
1		11		21		31	
2		12		22		32	
3		13		23		33	
4		14		24		34	
5		15		25		35	
6		16		26		36	
7		17		27		37	
8		18		28		38	
9		19		29		39	
10		20		30		40	
齿圈径向跳动公差 F_r＝　　μm				实测齿圈径向跳动 ΔF_r＝　　μm			

适用性结论：

______年____月____日　　　　　　　　　　　　指导教师______

实验 6-2　公法线平均长度偏差与公法线长度变动测量

量具名称及规格					
被测齿轮参数	模数 m	齿数 z	齿形角 α	变位系数 ξ	精度等级及齿侧间隙

齿轮公法线长度 $W=$__________________ mm；跨齿数 $n=$__________________

测量结果：

公法线平均长度偏差的测量结果

序号	读数			极限偏差/μm		适用性结论
	实测公法线长度 W/mm	实测偏差 ΔE_{Wm}/μm	平均值	E_{Wms}	E_{Wmi}	
1						
2						
3						

公法线长度变动的测量结果

齿序	偏差/μm	齿序	偏差/μm	齿序	偏差/μm	齿序	偏差/μm
1		11		21		31	
2		12		22		32	
3		13		23		33	
4		14		24		34	
5		15		25		35	
6		16		26		36	
7		17		27		37	
8		18		28		38	
9		19		29		39	
10		20		30		40	

公法线长度变动公差 $F_W=$__________ μm；实测公法线长度变动 $\Delta F_W=$__________ μm

适用性结论：

______年____月____日　　　　　　　　　　　　　　　　指导教师______

实验 6-3　齿距偏差与齿距累积误差测量

仪器名称及规格					
被测齿轮参数	模数 m	齿数 z	齿形角 α	变位系数 ξ	精度等级及齿侧间隙

测量结果：

齿序	相对偏差	相对累积误差	齿距偏差	齿距累积误差	齿序	相对偏差	相对累积误差	齿距偏差	齿距累积误差	齿序	相对偏差	相对累积误差	齿距偏差	齿距累积误差
1					11					21				
2					12					22				
3					13					23				
4					14					24				
5					15					25				
6					16					26				
7					17					27				
8					18					28				
9					19					29				
10					20					30				

相对累积误差平均值 $K=\sum \Delta f_{Pti}/n=$

齿距极限偏差 $\pm f_{Pt}=$____________ μm；实测偏差 $\Delta f_{Pt}=$____________ μm

齿距累积误差的公差 $F_P=$____________ μm；实测误差 $\Delta F_P=$____________ μm

结论：

______年____月____日　　　　　　　　　　指导教师______

实验 6-4　齿形误差测量

仪器名称及规格					
被测齿轮参数	模数 m	齿数 z	齿形角 α	变位系数 ξ	精度等级及齿侧间隙

有效展开角 $\varphi^{\circ}=$

测量结果：

齿廓测量部位	指　示　表　读　数/μm
左齿廓	
右齿廓	

误差曲线图：

齿形公差 $f_f=$____________________μm；　齿形误差 $\Delta f_f=$____________________μm

适用性结论：

______年____月____日　　　　　　　　　　　　　　指导教师______

实验 6-5　基节偏差测量

量具名称及规格					
被测齿轮参数	模数 m	齿数 z	齿形角 α	变位系数 ξ	精度等级及齿侧间隙

齿轮基节 P_b=________________ mm

测量简图：

测量结果：

序　号		实测偏差 Δf_{Pb}/μm	极限偏差 $\pm f_{Pb}$/μm	适用性结论
1	左侧			
	右侧			
2	左侧			
	右侧			
3	左侧			
	右侧			

心得体会：

______年____月____日　　　　　　　　指导教师______

实验 6-6　齿厚偏差测量

<table>
<tr><td>量具名称及规格</td><td colspan="5"></td></tr>
<tr><td rowspan="2">被测齿轮参数</td><td>模数 m</td><td>齿数 z</td><td>齿形角 α</td><td>变位系数 ξ</td><td>精度等级及齿侧间隙</td></tr>
<tr><td></td><td></td><td></td><td></td><td></td></tr>
</table>

测量简图：

被测参数计算：

理论齿顶圆半径 $r_e=$______ mm；

实际测得顶圆半径 $r_e'=$______ mm；

分度圆处弦齿高 $\bar{h}$ 与弦齿厚 $\bar{S}$

$$\bar{S}=mz\sin\frac{90^\circ}{z}=\_\_\_\_\_\_\_\_\ \text{mm}$$

$$\bar{h}=m\left[f+\frac{z}{2}\left(1-\cos\frac{90^\circ}{z}\right)\right]\pm\Delta r_e$$

$$=\_\_\_\_\_\_\_\_\_\_\ \text{mm}$$

测量结果：

<table>
<tr><td rowspan="2">序号</td><td colspan="2">读　　数</td><td colspan="2">极限偏差/μm</td></tr>
<tr><td>实测齿厚 $\bar{S}$/mm</td><td>齿厚偏差 ΔE_s/μm</td><td>E_{ss}</td><td>E_{si}</td></tr>
<tr><td>1</td><td></td><td></td><td rowspan="4"></td><td rowspan="4"></td></tr>
<tr><td>2</td><td></td><td></td></tr>
<tr><td>3</td><td></td><td></td></tr>
<tr><td>4</td><td></td><td></td></tr>
</table>

适用性结论：

______年____月____日　　　　　　　　　　指导教师______

实验 6-7　径向综合误差与相邻齿径向综合误差测量

仪器名称及规格					
被测齿轮参数	模数 m	齿数 z	齿形角 α	变位系数 ξ	精度等级及齿侧间隙

测量结果：

测量项目	实测误差/μm	公差/μm
径向综合误差 $\Delta F_i''$	$\Delta F_i''=$	$F_i''=$
相邻齿径向综合误差 $\Delta f_i''$	$\Delta f_i''=$	$f_i''=$

误差曲线图：

适用性结论：

心得体会：

______年____月____日　　　　指导教师______